차세대 사물인터넷(IoT)을 위한 임베디드 시스템

이진영

지코사이언스

| 저자소개 |

이 진 영

1987 서강대학교 학사

1997 한국과학기술원(KAIST) 석사

1987~2016 삼성종합기술원

삼성전자 멀티미디어연구소

삼성전자 Digital Solution Center

삼성전자 SW센터

삼성전자 메모리 사업부

現 단국대 SW중심대학사업단 교수

본 저작물은 2018년도 과학기술정보통신부 SW중심대학사업 사업비를 지원받아 수행한 연구결과입니다.

차세대 사물인터넷(IoT)을 위한 임베디드 시스템

발행일 2019년 12월 26일

지은이 이진영

발행인 이윤아

총 괄 박성율

발행처 지코사이언스

출판등록 제2-4387호

주 소 서울시 서대문구 모래내로 211 대광빌딩 2층

전 화 02-2279-9771

팩 스 02-2279-9259

ISBN 978-89-93601-69-5 03000

값 17,000원

머리말

이 책은 CE(Consumer Electronics)분야의 다양한 IoT(Internet of Things) 디바이스 리뷰를 통해 최신 IoT Trend를 알아 보고, IoT의 Things에 해당하는 임베디드 시스템을 설계하는 방법을 살펴 본다. 또한 IoT 디바이스를 개발하거나 구매하여 사용하려고 할 때, IoT 서비스 사업자의 지원을 받는 방법에 대해서도 살펴본다.

Gartner에 의하면, 2020년에는 전세계적으로 200억개 이상의 IoT 디바이스들이 사용될 것으로 예측되는 바, 이 IoT 디바이스들간의 원활한 접속에 있어 핵심이 되는 표준 IoT 통신 프로토콜인 OCF(Open Connectivity Foundation) 프로토콜을 자세히 살펴본다. 또한 향후 5G 통신 서비스의 보급에 따라 IoT 디바이스가 어떤 방향으로 진화해 갈지 알아본다. 가상비서를 통한 산업간 융합서비스, 딥 러닝과 빅데이터를 활용한 개인화 서비스 등 차세대 IoT 디바이스와 서비스에 대해 살펴볼 것이다.

IoT 디바이스 개발은 단순히 IoT 디바이스 만을 개발하는 것이 아니라 IoT 디바이스, IoT 서비스(클라우드 서버) 및 스마트폰에 올라가는 앱 개발까지 포함하는 것이다.

IoT 디바이스 개발자라면 개발방법론 관점에서 이 책을 공부해 나가는 것이 유익할 것이다. 이 책은 개발자 관점에서 IoT 디바이스의 요구사항 분석(requirement analysis), 설계, 코딩, 전개(적용)에 이르는 개발의 전 과정을 다루었고 책의 내용을 쉽고 빠르게 참조할 수 있도록 아래의 도표를 정리하여 놓았다.

요구사항 분석단계에서는 IoT 생태계(ecosystem)을 구성하는 IoT 클라우드 서버, 스마트폰의 앱과의 연동을 고려해야 하고, 다른 IoT 디바이스나 IoT 서비스와의 매쉬업서비스 더 나아가 다른 산업 분야와 연동을 의미하는 융합 서비스의 지원 여부도 고려되어야 한다.

설계 단계에서는 IoT 디바이스의 자체 기능을 high-level과 low-level로 나눠 design해야 한다. 이때 클라우드 서버에서 어떤 서비스가 이루어져야 하며, 스마트폰의 앱에서는 어떤 기능이 지원되어야 하는지도 고려되어야 한다. 또한 설계 단계에서 개발하는 IoT 디바이스의 성공 요소가 무엇인지도 충분히 고려되어야 한다.

이 책에서 코딩단계를 상세히 다루지는 않겠지만, IoT 디바이스의 중요 부분인 FSM(Finite State Machine)에 대한 코딩 방법은 짧게 다룬다. 표준 IoT 통신 프로토콜인 OCF 프로토콜을 다룬 6장을 참조하면, 향후 디바이스 통신 모듈의 코딩시에 도움이 될 것으로 생각된다.

개발 단계	To-do list	reference	관련 장 및 절
요구사항 분석	Requirement Specification - 디바이스 자체 기능 - 앱 (스마트폰) - 서버 기능	 IoT 디바이스 분류 매쉬업서비스 IoT 서비스 사업자 분류 (IoT ecosystem고려)	 1.2절 1.3절 1.4절
설계	SRS - 기능 명세화 - 동작 명세화 스마트 제품의 성공을 위한 기능 설계	IoT 디바이스 설계 IoT 디바이스에 5G 통신이 가져올 변화 - AI, 빅데이타 - 개인화 서비스 - 매쉬업 서비스 - 융합 서비스	3 ~ 5장 7 ~ 8장
코딩	디바이스 기능 구현 - IoT 표준 프로토콜 구현 - IoT 앱 기능 구현 - IoT 서비스 접속기능 구현	 OCF 프로토콜 및 적용 스마트폰 앱 개발 IoT서비스 Site 접속 기술	 6장 5장 1.4절
전개 (적용)	디바이스 customization for deployment	IoT서비스 Site 연결	1.4절

차례

1장 최신 IoT 동향

2장 임베디드 시스템

3장 Vanhawks 자전거 – 임베디드 시스템 설계

4장 AristCoffeeMachine – 임베디드 시스템 설계

1장

최신 IoT 동향

들어가기

이 장에서는 CE(Consumer Electronics)분야의 다양한 IoT 디바이스를 살펴보고, 클라우드 서버의 각 서비스나 스마트폰 앱의 연동 여부에 따라 단순한 사물의 혁신, 사물의 연결, 클라우드 서버의 지식 정보와 연결, 클라우드 서버의 지능과 학습 연결 기능으로 체계화하여 분류하였다. 이렇게 함으로써 얻는 이점은 독자에게 IoT 디바이스 자체가 가져야 할 기능, 클라우드 서버가 제공해야 하는 기능, 스마트폰의 앱이 제공해야 하는 기능을 세분화하여 살펴볼 수 있도록 하는 것이다.

또한 필요한 서비스를 위한 클라우드 서버와의 연결 기능에서 더 나아가 다른 서비스와의 연동을 통해 다양한 서비스를 제공할 수 있는 방식인 매쉬업 서비스에 대해서 살펴볼 것이다.

IoT 디바이스가 필요로 하는 클라우드 서버 서비스의 플랫폼인 IoT 서비스 플랫폼을 제공하는 사업자로는 어떤 회사가 있으며 Xively 같은 IoT 서비스 Total Solution 사업자에 대해서도 알아본다.

IoT 디바이스는 CE (Consumer Electronics) 분야 외에도 여러 공공영역에서도 많이 사용되므로 공공영역에 속하는 IoT 서비스도 간략하게 살펴보기로 한다.

1.1 IoT(Internet of Things)란?

> "일상의 사물들이 네트워크에 연결되어 데이터를 주고 받을 수 있는 인터넷의 발달된 형태"
> – 옥스포드 사전 정의
>
> "각종 사물에 센서와 통신 기능을 내장하여 인터넷에 연결하는 기술. 인터넷으로 연결된 사물들이 데이터를 주고받아 스스로 분석하고 학습한 정보를 사용자에게 제공하거나 사용자가 이를 원격 조정할 수 있는 인공지능기술"
> – Wikipedia 정의

옥스포드 사전은 IoT를 사전적 관점에서 잘 정의하였고, Wikipedia는 현대 기술의 관점에서 잘 정의하고 있다. IoT의 실례를 하나 들자면 아래와 같다.

인터넷과는 별로 관련이 없어 보였던 카메라에 Wi-Fi 기능을 넣어, 찍자 마자 스마트 폰이나 컴퓨터로 보내거나, SNS에 생생한 사진을 올리며, 무선으로 연결된 프린터에 보내는 것 등은 지금도 이미 쓰고 있는 사물 인터넷의 가장 확실한 예라고 할 수 있다.

현재 IoT는 단순한 사물에 통신 기능을 넣어, 사물이 sensing 정보를 서버로 전송하는 기능에 더하여, 서버의 인공 지능과 빅데이터를 활용하는 방향으로 발전해 가고 있다.

다음 절에서는 아래의 기준으로 분류하여 IoT 디바이스들을 살펴보기로 한다.

- 소비자가 체감할 수 있는 사물(Things)의 혁신
  사물(Things)이 인터넷에 연결되지는 않지만 획기적인 기능 제공을 통해 사용자의 요구를 해결하는 IoT 디바이스 부류
- 사물의 연결
  사물이 인터넷에 연결됨으로써 사용 가치가 높아지는 IoT 디바이스 부류
- 클라우드 서버의 데이터 관리 서비스 활용
  사물이 인터넷에 연결될 뿐만 아니라 클라우드 서버에 데이터를 저장, 관리함으로써 유용한 기능이 제공되는 IoT 디바이스 부류
- 클라우드 서버의 인공지능 & 빅데이터 활용
  사물이 인터넷에 연결될 뿐만 아니라 클라우드 서버의 인공지능 및 빅데이터 기능을 활용하므로써 사용자에게 보다 높은 사용 가치를 제공해 주는 IoT 디바이스 부류

1.2 IoT 디바이스 분류 (CE 관점)

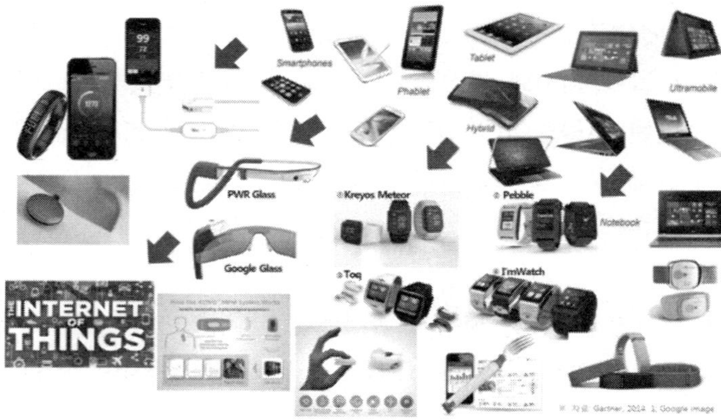

그림 1-1 IoT 디바이스들

그림 1-1에서 보는 바와 같이, 이미 우리 주변에는 많은 IoT 디바이스가 사용되고 있다. 우리가 IoT 디바이스를 개발하려고 하면, IoT 디바이스의 자체 기능 뿐만 아니라, 클라우드 서버에서는 어떤 기능을 제공해야 하는지, 스마트폰의 앱에서는 IoT 디바이스를 위해 어떤 기능을 제공해야 할지도 함께 고려해야 한다. IoT 디바이스가 다른 IoT 디바이스나 IoT 서비스와 연동됨으로써 새로운 유형의 서비스가 나타나는데, 이러한 매쉬업 서비스에 대해서도 살펴볼 것이다. 더 나아가 다른 산업 분야와 연동을 통해 제공되는 융합 서비스의 지원 방식도 알아볼 것이다. 융합 서비스의 자세한 사항은 6장 3절과 8장 3절에서 상세히 다룰 것이다.

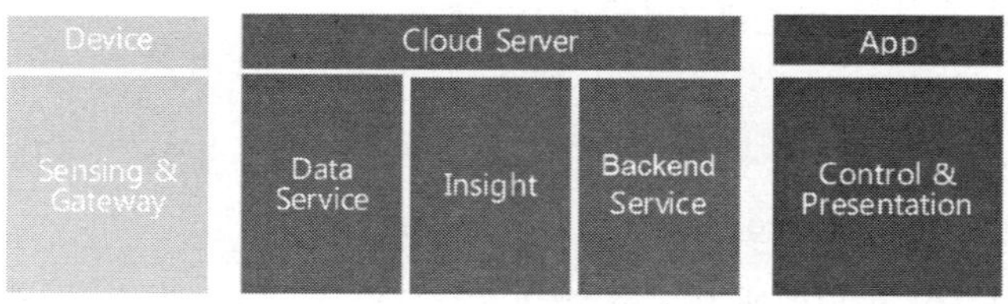

그림 1-2 IoT 디바이스의 생태계

그림 1-2는 IoT 디바이스를 지원하기 위한 생태계를 보여 준다. 클라우드 서버에서 제공되는 기능은 데이터의 저장 및 관리서비스를 제공하는 데이터 서비스, 머신러닝에서 더 나아가 딥러닝의 기능을 갖는 AI(Insight) 기능, 웹사이트나 모바일 서비스 기능을 제공하는 백엔드 서비스 기능이 있다. 앱기능은 스마트폰에서 동작하는 기능으로서 IoT 디바이스의 정보를 보여주거나 제어하는 기능을 가지고 있다. 앞으

로 CE분야의 특징 있는 IoT 디바이스들을 살펴볼 때 위 그림의 생태계 중 어떤 기능이 지원되어야 하는 가를 표시할 것이다. 여기서 소개되는 디바이스들은 현재 CE 시장에 나와 있는 IoT 디바이스 들로서 이 IoT 디바이스들의 발전 방향에 대해서는 4장 IoT 디바이스들을 위한 임베디드 시스템 설계, 6장 IoT디바이스에 5G통신이 가져 올 변화에서 자세히 다루기로 한다.

1) 사물(Things)의 혁신 I – Liftware Steady

Liftware(社)의 Liftware Steady와 Level은 파킨슨병 환자의 손 떨림을 보정해 줌으로써, 불편하지 않고 쉽게 식사를 할 수 있게 해 주는 디바이스임. 이 디바이스는 클라우드 서버의 정보 제공이나 데이터 저장 등의 필요 없이, 단지 디바이스에 Stabilizing기능만 가지고 있으면 되고, 사용자의 제어나 정보표시를 위한 앱기능이 필요 없는, 매우 단순하지만 사물의 혁신을 이룬 IoT 디바이스임.

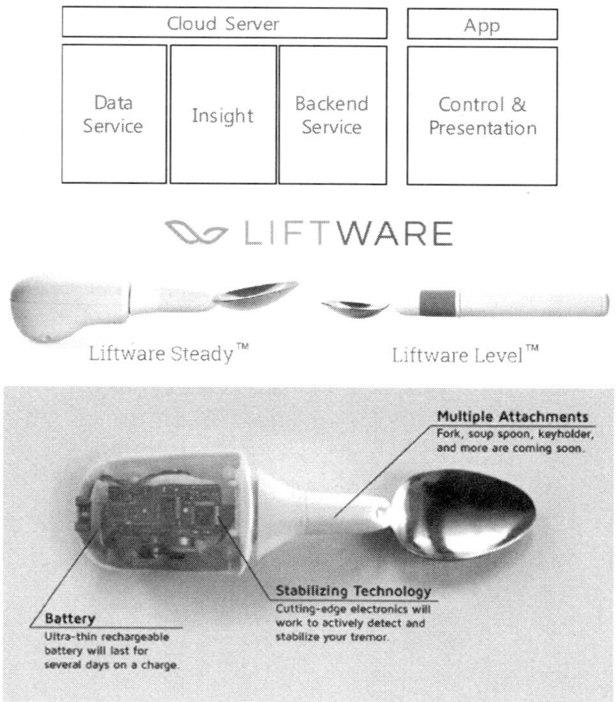

그림 1-3 Liftware Steady, Level

Liftware영상

2) 사물(Things)의 혁신 II – Upright Posture Trainer

Sensor와 스마트 technology를 활용하여 자세를 교정해 주는 IoT디바이스로, 통증이 있는 부위에 부착하면 자세가 잘못 되었을 때, 진동을 발생시켜 자세가 잘못되어 있음을 착용자에게 알려주어 자세를 교정하도록 도와 준다. 클라우드 서버에는 연결할 필요가 없고, 스마트폰 앱을 통해 이 디바이스를 부착한 시간과 자세가 잘못된 시간을 기록하여 자세가 교정되어 가는 과정을 관리해 주는 기능을 제공한다.

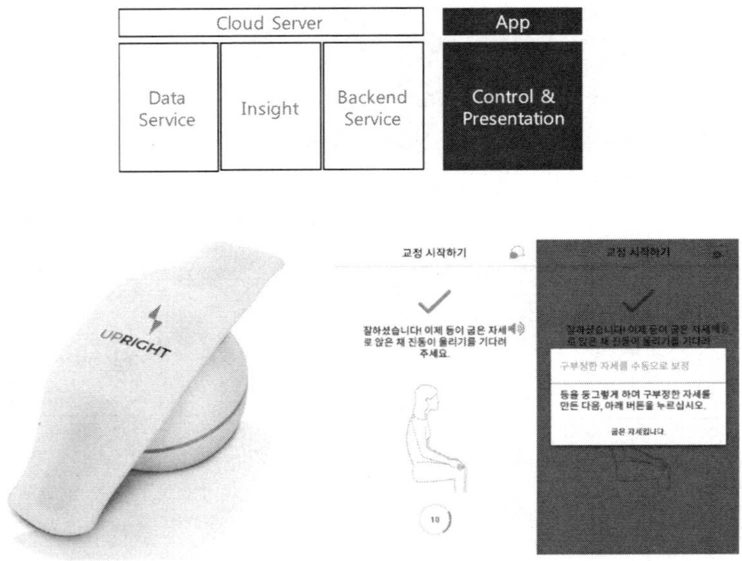

그림 1–4 Upright Posture Trainer

Upright Posture Trainer 영상

3) 사물(Things)의 혁신 III – Power Up 3.0

기존에 존재하던 종이 비행기와 모터를 사용한 프로펠라 기술을 조합해 어른도 즐길 수 있게, 사물의 혁신을 이룬 IoT디바이스로, 앱을 통해 모터 동력 비행기를 조종할 수 있다. PowerUp사의 ""Fold it, Attach it, Connect it, Fly it" 표어처럼 쉽게 접고, 붙이고, 연결하여 날릴 수 있는 것이 특징이다. 2013년에 '역대 최고의 혁신적 토이' 로 선정되었으며 목표 펀딩액 대비 2,465 %로 공모 마감했음.

그림 1-5 Power Up 3.0

Power up 3.0 영상

4) 사물(Things)의 혁신 IV – Mother Sense

일상에서 사용되는 물건(Things)에 모션 쿠키를 간단히 부착만 하면 스마트화를 지원하도록 설계되어 있어 편의성 및 범용성이 높음. 센서가 내장된 모션 쿠키를 사물(Things)에 부착하면 해당 사물의 이동량, 온도 등을 측정하고 특이한 데이터가 발생하면 Mother(호스트 디바이스)나 스마트폰을 통해 알려 주는 기능이 있어 영유아부터 노년까지 다양한 계층의 활동량 추적 및 생활관리에 적용 가능함.

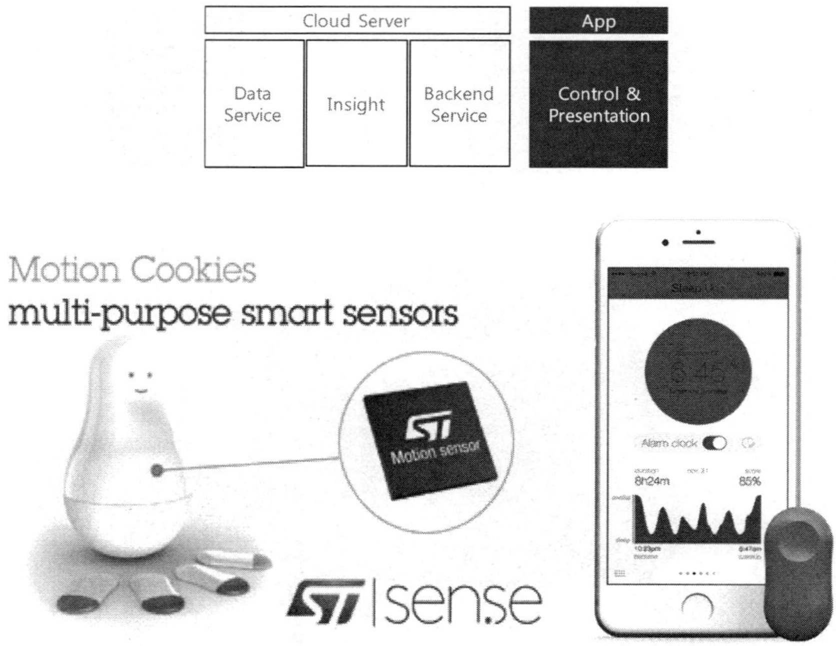

그림 1-6 Mother Sense

위의 그림에서 오뚜기 형태의 디바이스가 Mother이고 아래 납작한 밴드 모양이 모션 쿠키(Motion Cookie)임. 스마트폰 앱을 통해 가족 구성원들의 상태를 check해 주는 기능도 있음

Mother
Sense 영상

〈〉

5) 사물의 연결 I – Camera에 Wi-Fi 연결

인터넷과는 별 관련이 없어 보였던 카메라에 Wi-Fi 기능을 넣어 찍는 즉시 바로 스마트폰이나 컴퓨터로 보내거나, 클라우드 서버로 백업하고, SNS에 생생한 사진을 올리며, 무선으로 연결된 프린터에 보내는 것 등은 일반 디바이스에 인터넷을 연결함으로 해서 얻는 사물 인터넷(IoT)의 확실한 장점이다.

그림 1-7 DSLR에 인터넷 및 클라우드 서버 연결

Camera
Connect 영상

6) 지식 정보와 연결 I – AWS IoT Button

AWS(Amazon Web Service) IoT Button은 Amazon 상거래 Site의 Prime서비스 사용자들이 자주 구매하는 제품을 편하게 구입할 수 있도록 해 주는 AWS Dash button을 program가능하게 한 것으로, Amazon의 클라우드 서버가 제공하는 service를 통해서 AWS에 연결된 IoT 디바이스를 제어할 수 있다. 버튼의 로직을 코딩하여 버튼 클릭 수를 세거나 항목을 추적하는 기능을 제공하여 서비스를 주문할 수도 있고, 자동차 도어를 잠금 해제하거나 가전 제품을 원격 제어할 수 있는 기능도 있다. 스마트폰 앱과는 연동될 필요가 없지만 IFTTT를 이용하여 IoT 디바이스를 제어할 수 있음.

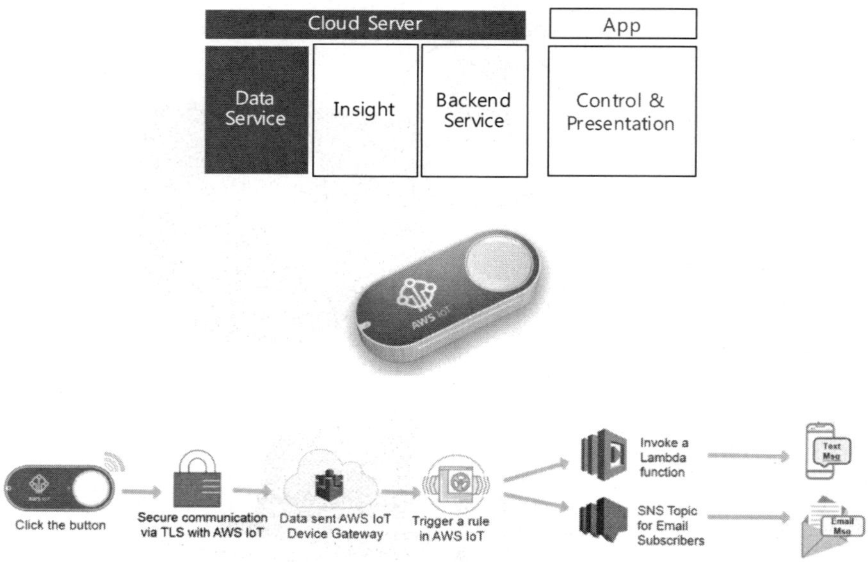

그림 1-8 AWS IoT Button

AWS IoT
Button 영상

7) 지식 정보와 연결 II – Glowcap

약먹을 시간을 알려 주는 스마트 약병으로 사용자의 복약 시간이 되면 Glowcap뚜껑의 램프가 켜지면서 소리가 난다. 약을 먹기 위해 Glowcap뚜껑을 열면 센서가 이를 감지하여 Vitality서버로 메시지를 전송하고 복약시간이 지났는데도 약을 먹지 않았다면 사용자에게 전화나 Mail로 알려주는 기능이 있다. 또한 약이 떨어지기 전에 자동으로 약을 추가 주문해 주는 서비스도 운영 중이라고 함.

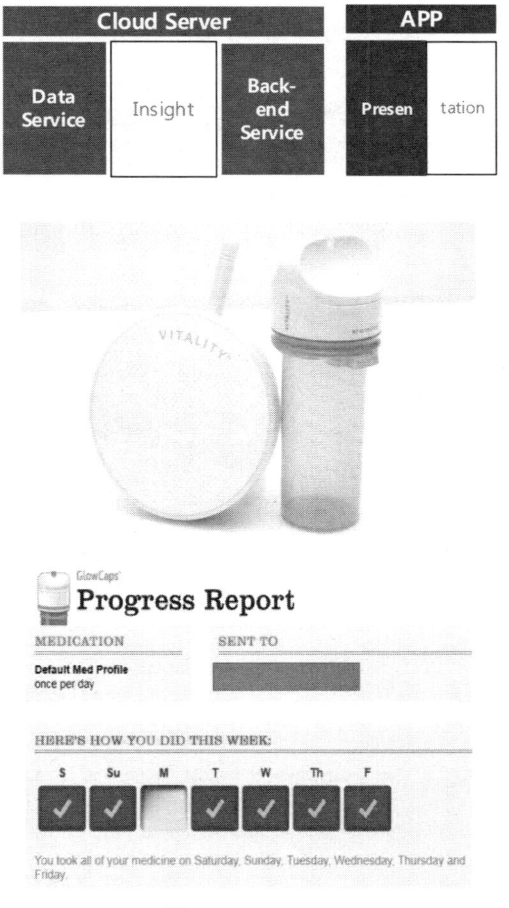

그림 1-9 Glowcap

Glowcap 영상

8) 지식 정보와 연결 III – Vanhawks 자전거

캐나다의 대도시에는 자전거 전용 도로가 없어 자동차나 버스와 추돌 가능성이 상존한다. 이를 예방하기 위해 자전거의 뒷바퀴 축에 2개의 측·후방 센서를 부착하여, 옆이나 뒤에서 오는 자동차와의 거리가 지나치게 가까울 경우, 핸들의 진동 신호 및 경보를 통해 위험을 알리고, 스마트폰의 네비게이션 연동으로 목적지 방향을 적시에 알려 주어, 자전거 운행 중 지도 사용으로 인한 위험을 사전에 차단하는 스마트 자전거임. 또한 스마트폰 앱에서는 출퇴근 이동 거리 / 소요 시간 / 소모한 칼로리 / 평균 이동 속도 등의 정보를 제공하여 사용자에게 편의를 제공함.

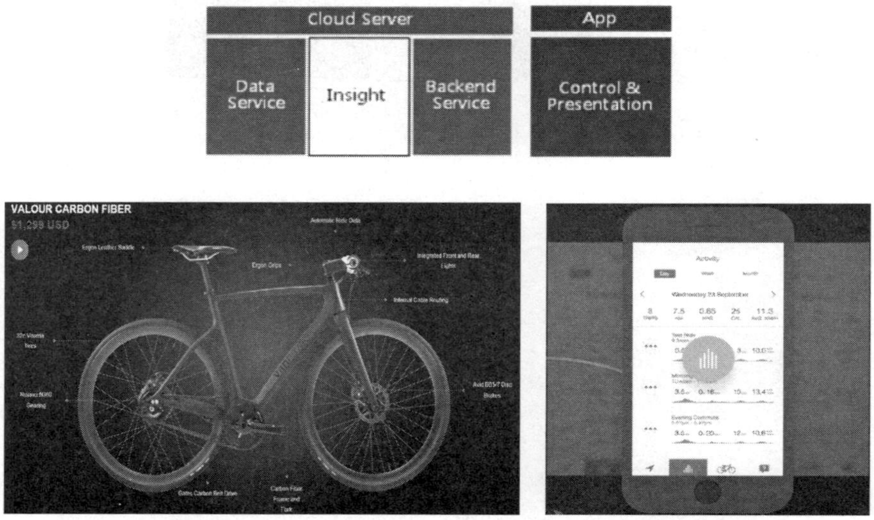

그림 1-10 Vanhawks 자전거

Vanhawks
자전거 영상

9) 지식 정보와 연결 IV - VivoMove HR

스마트 스포츠워치인 VivoMove HR은 일반 아날로그 시계와 비슷한 외형을 갖고 있지만, 심박계, 기압고도계, 가속도계, 주변 광센서를 내장하고 있어 심박수, 최대 산소섭취량(VO2 Max), 칼로리 소모량, 스트레스 지수, 수면 모니터링, 걸음 수, 오른 계단 수, 칼로리 소모량을 측정하여 OLED Display를 통해 사용자에게 알려줄 뿐만 아니라, 일주일 동안의 통계 정보, 같은 시계를 사용하는 지인 및 그룹의 활동 정보를 보여주는 기능을 클라우드 서버를 통해 제공함.

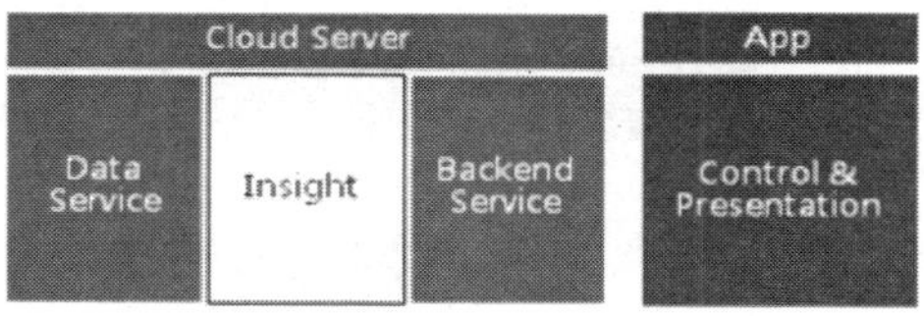

그림 1-11 VivoMove HR

VivoMove HR 영상

10) 지능과 학습 연결 I – Zepp Baseball Swing Analyzer

야구 배트에 센서를 달아 스윙속도, 타격각도, 배팅구역에서 배트가 머무는 시간 등을 측정하고 분석하여 사용자에게 알려 줌. 지능코치가 전문적 훈련 방안을 제시하여 스윙 방식을 향상 시키도록 도와 준다. 스윙 분석 시에 클라우드 서버의 인공 지능을 활용함

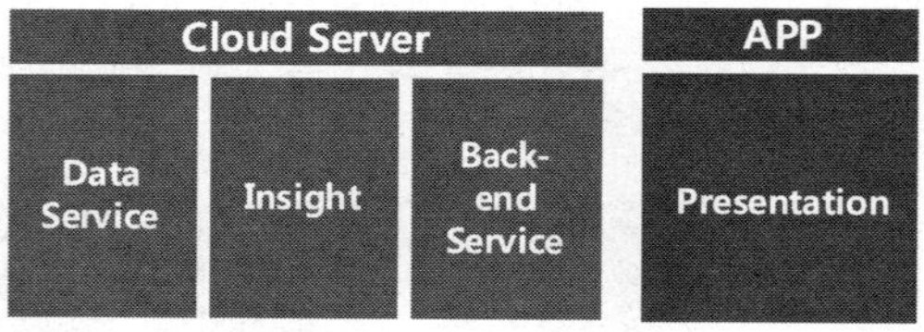

그림 1-12 Zepp Swing Analyzer

Zepp Baseball Analyzer 영상

11) 지능과 학습 연결 II - Arist Coffee Machine

Arist Coffee Machine은 개인 취향에 맞춰 커피를 추천해주는 개인 전담 바리스타. 클라우드 서버에 있는 Arist Cloud 플랫폼을 통해 바리스타 수백 명이 만든 수천 가지의 커피 제조법을 저장하고 이를 기반으로 사용자 취향에 맞는 커피 Recipe를 스마트폰 앱으로 다운로드하게 해 주고, 스마트폰 앱에서는 Arist Coffee Machine에 Recipe를 전송하여, 커피를 내리게 되는 방식으로 동작함.

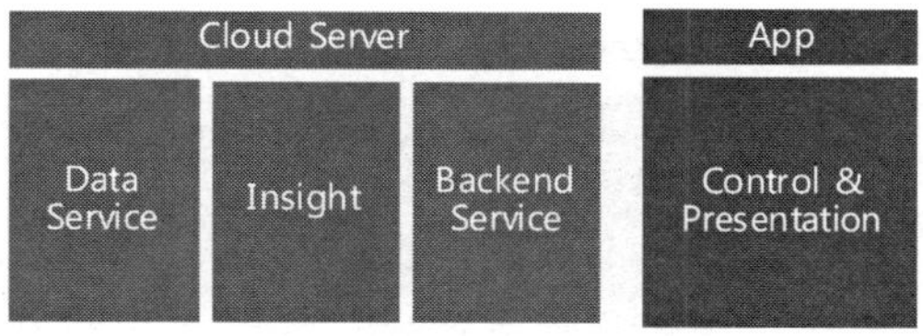

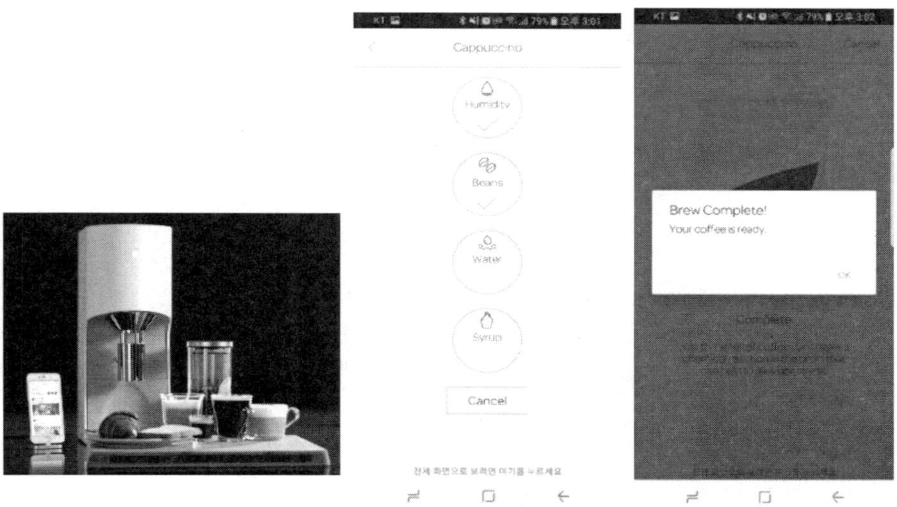

그림 1-13 Arist Coffee Machine

Arist Coffee Machine 영상

12) 지능과 학습 연결 III – Chui Doorbell

개인별 자동 잠금 기능과 블랙리스트 관리로 보안성을 강화하고 방문 기록 저장 기능으로 초인종 사용의 편리성을 제공하는 진일보한 초인종으로 고도의 안면인식 기술을 적용하여 일란성 쌍둥이까지 구별할 수 있으며 사진, 비디오로 거짓 인증 시도에도 구별할 수 있고 얼굴의 변화를 학습할 수 있음. 초인종을 누른 사람의 얼굴을 카메라로 인식해 사용자 휴대폰으로 알려주며 스마트홈 기능과 연동하여 출입이 허용된 사람이 집에 입장 시, 조명이 켜지고 온도가 알맞게 조정되는 기능도 제공함.

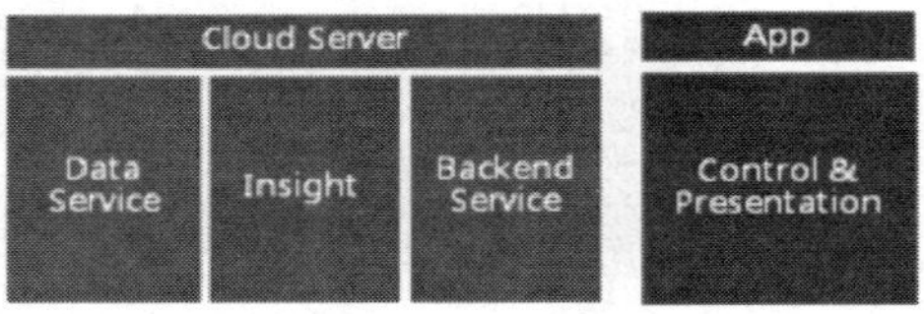

그림 1-14 Chui Doorbell

Chui Doorbell 영상

13) 지능과 학습 연결 Ⅳ – ZeroTouch

Zerotouch는 Amazon의 Alexa가 가상 비서로 탑재된 IoT 디바이스로서 Navigation, 음악, 위치 기반 핫플레이스 추천 앱 접근 기능을 touch없이 음성만으로 제공하는 장점이 있다. 아래 사진과 같이 Zerotouch에 스마트폰을 강한 자석의 힘을 이용하여 붙여서 사용하는 방식인데 'Alexa' 라고 호출하면 Amazon Web Service에서 제공하는 음성 인식 비서인 Alexa가 작동을 하게 된다. 이와 같이 운전 중에 음성만으로 필요한 서비스를 제공 받는다는 점에서 아주 유용한 IoT디바이스라고 할 수 있음.

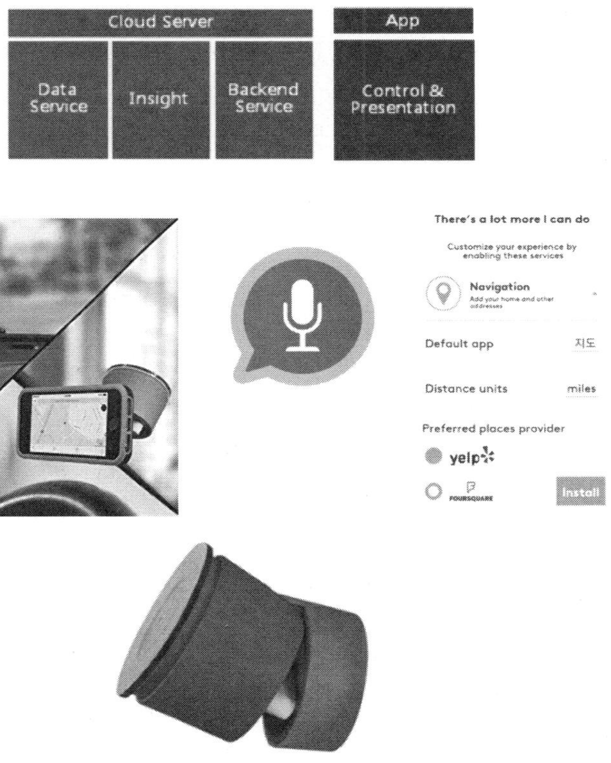

그림 1-15 ZeroTouch

ZeroTouch 영상

지금까지 각각 다른 특징을 갖는 13개의 IoT 디바이스들을 살펴봤는데, 이 IoT 디바이스들을 임베디드 시스템 관점에서 어떻게 설계하는지 3, 4, 5장에서 자세히 살펴볼 것이다. 나아가 사용자들에게 더 나은 가치를 제공하기 위해 개선되어야 할 부분을 알아본다. 인공지능 기능을 포함한 가상 비서 기능, 개인화 서비스(Personalized 서비스) 기능, 매쉬업 서비스, 융합 서비스가 제공된다면 사용자에게 보다 편리하고 사용 가치가 높은 서비스를 제공하게 될 것이다. Arist Coffee Machine에 가상 비서 기능이 있다면, "커피 한 잔 부탁해"란 말 한 마디로 사용자를 인식하여 사용자의 취향에 맞는 커피를 내려줄 수 있을 것이다. 무더운 여름 저녁 퇴근 길 차안에서 ZeroTouch의 개인 음성 비서인 Alexa에게 "집 에어컨 좀 켜줘" 라는 사용자의 음성 명령을 인식하고 스마트홈 연동 기능을 통해 집에 있는 에어컨을 작동시키는 융합 서비스가 제공 된다면, 이 IoT디바이스를 사용하는 사람을 꽤 기분 좋게 해 줄 것이다. 스마트 워치로 스마트홈 기기를 원하는 방식으로 제어하고, 자율주행 스마트카를 제어할 수 있다면.. 이런 융합 서비스가 멀리 있지 않다. 차세대 IoT 디바이스들을 위한 이 핵심 기술 요소를 8장에서 자세히 다룰 것이다.

IoT 디바이스명	분류	특징	디바이스	클라우드 서버			앱
				데이터 서비스	Insight	백엔드 서비스	
Liftware Steady	의료	파킨슨병 환자가 편하게 식사할 수 있게 해 주는 스푼	O				
Upright Pro	건강	척추의 상태가 바르지 않을 때 진동으로 알려주는 Wearable	O				O
Powerup 3.0	오락	종이 비행기를 프로펠러 비행기로 변환	O				O
Mother	생활	Home Monitoring 허브	O				O
AWS IoT Button	생활	아마존 클라우드 서비스이용	O	O		O	
Camera Connect	오락	DSLR을 Connected Camera로	O	O		O	O
GlowCap	생활	장기 복약 환자에게 투약 시간을 알려 주는 스마트 약병	O	O		O	O
Vanhawks 자전거	생활	추돌 위험을 예방하는 스마트 자전거	O	O		O	O
VivoMove HR	건강	Smart Sports Watch	O	O		O	O

Zepp BB Swing Analyzer	운동	야구 스윙 분석 Wearable	O	O	O	O	O
Arist Coffee Machine	생활	세계적인 Barista가 만들어 주는 커피 제공	O	O	O	O	O
Zero Touch	차량	음성, 제스처로 원하는 기능 작동	O	O	O	O	O
Chui Doorbell	생활	안면 인식 기능이 있는 스마트 Doorbell	O	O	O	O	O

1.3 매쉬업(Mashup) 서비스

"여러 노래들의 견본 음악을 조합하는 것"이란 원어적 의미를 갖는 매쉬업은 IT분야에서는 웹에서 제공하는 정보 및 서비스를 이용하여 새로운 소프트웨어나 서비스, 데이터베이스 등을 만드는 기술을 가리킨다. IoT는 데이터를 생성하고 분석하여 그에 필요한 프로세싱을 하는 데이터 중심의 플랫폼이어서 IoT 디바이스가 수집한 컨텍스트 데이터와 여러 서비스들을 매쉬업 함으로써 상황 인식에 근거한 적절하고 효율적인 대응(서비스)으로 일상의 혁신을 가져올 수 있다.

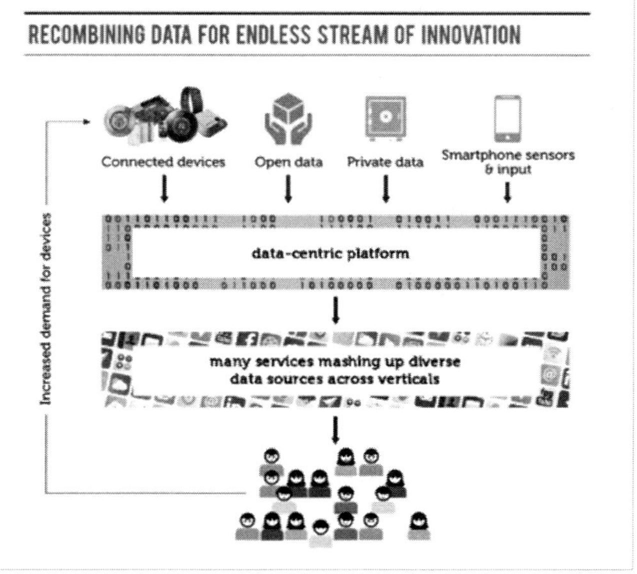

그림 1-16 매쉬업 서비스

예를 들어 사진을 구글 지도에 표시하는 매쉬업 서비스가 제공되면, 여행 중 이동 경로를 알기 쉽고 다른 사람과의 여행 정보 공유도 쉬워진다.

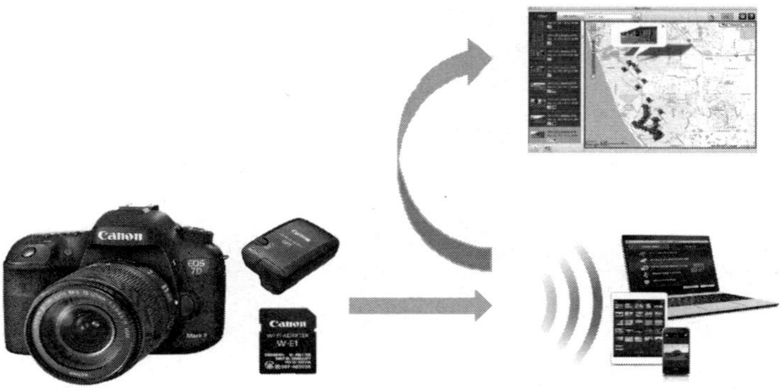

그림 1-17 DSLR사진 매쉬업서비스

또 다른 예로 HousingMaps와 같은 서비스도 가능하다. Craigslist에서 사용자들이 올려놓은 부동산 정보를 가져와서 구글맵 위에 표시해 준다. HousingMaps는 자체 데이터는 없이 기존에 있던 두 개의 서비스를 합쳐서 새로운 서비스를 만든 것이다. 요즘에는 오픈API를 제공하는 웹사이트가 많아 누구든지 아이디어만 있으면 새로운 매쉬업 서비스를 만들 수 있다.

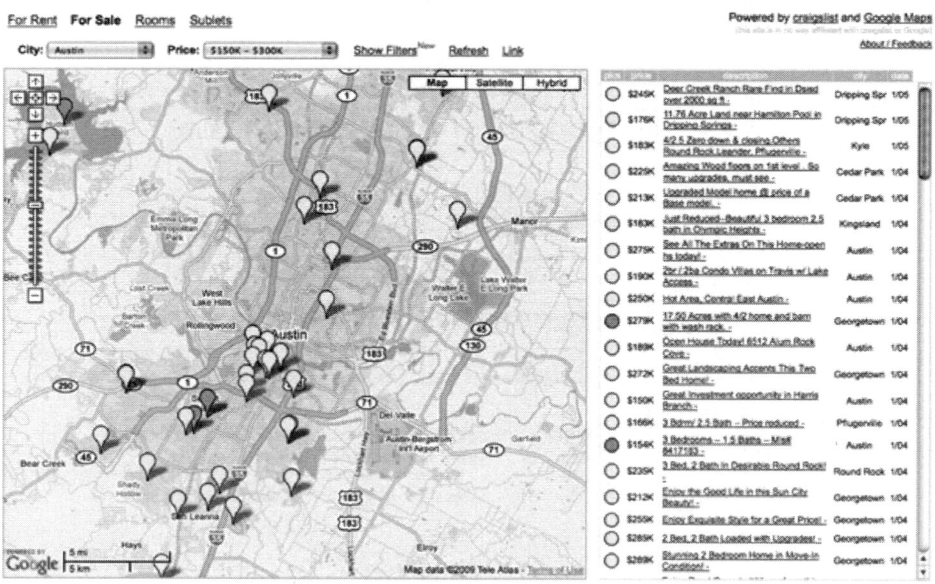

그림 1-18 HousingMaps 매쉬업 서비스

자, 이제부터 매쉬업 서비스를 이용해 나만의 새로운 서비스를 만들어 보자. 다음

페이지에서는 개인에서부터 기업에 이르기까지 누구나 쉽게 매쉬업서비스를 만들 수 있는 IFTTT에 대해 살펴보고 간략한 실습을 진행해 보기로 한다.

1) IFTTT

IFTTT – IF This Then That의 약어로서, 만약 This 이면 That을 시행하라

자동화된 서비스 방식으로 매쉬업 서비스를 제공해 주는 애플리케이션으로서 This는 트리거이고 that은 액션을 나타냄

그림 1-19 IFTTT 매쉬업 서비스

이제 우리가 실습을 진행할 내용을 알아보자.

특정 지역내에 들어갔을 때 스마트폰의 Wi-Fi 기능을 켜서 이동통신 데이터 사용량을 줄이고자 한다면

If you enter a designated area, then turn on Wi-Fi function.

트리거 조건으로 a designated area를 설정하고, 이 트리거 조건이 만족되면 Wi-Fi 기능을 켜는 모듈을 작동시키면 된다.

그림 1-20의 ③번 이미지에서 보는 바와 같이 this를 select하고 ④번 이미지에서 로케이션을 선택하고 ⑤번 이미지에서 You enter an area, ⑥번 이미지에서 로케이션을 지정하면 트리거 셋팅은 완료된다.

이제 IF This Then That의 실행 기능인 That을 완성해 보자.

⑦번 이미지에서 That을 선택하면 ⑧번 이미지가 나오는데 select 액션 서비스에 Turn on Wi-Fi가 없으므로 디바이스를 검색하면 ⑨번 이미지에 Turn on Wi-Fi가

나오므로 이를 선택한 후에 ⑩번 이미지와 같이 Finish를 누르면 우리가 원하는 애플릿이 만들어 진 것을 알 수 있다.

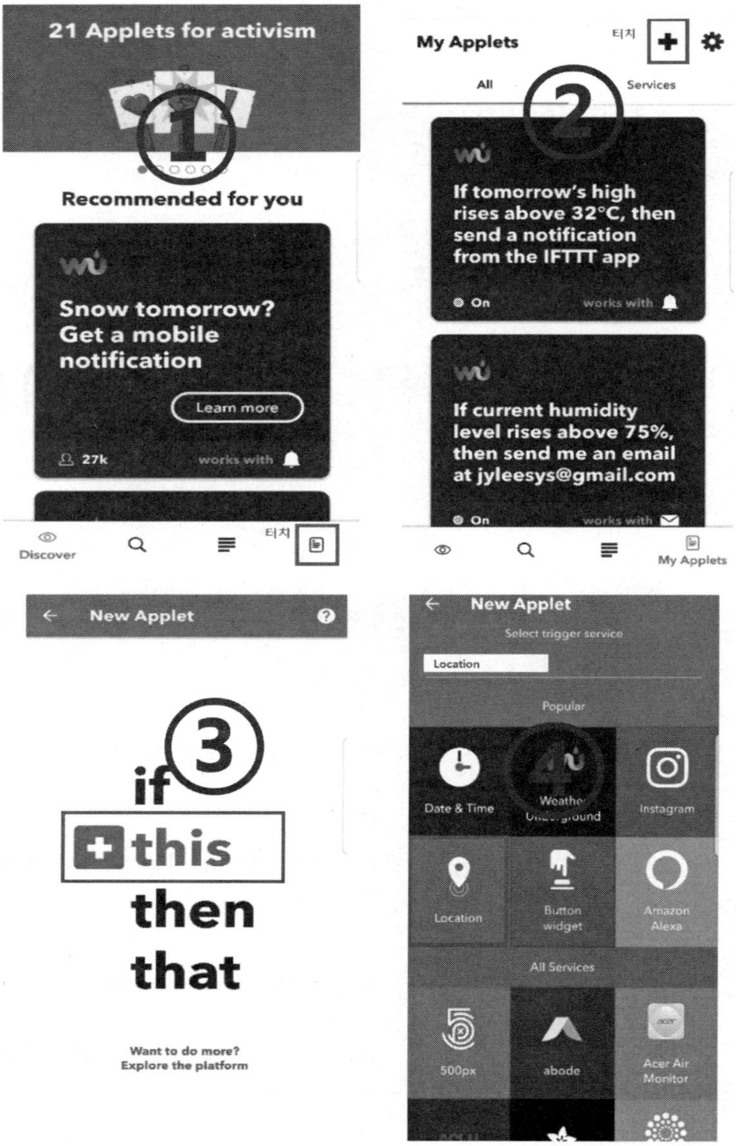

(a)

Select trigger
Location allows apps and websites to use information from cellular, Wi-Fi and GPS networks to determine your approximate location. This service requires downloading the IFTTT app for iOS or Android.
You enter an area
You exit an area
You enter or exit an area
⑤
Complete trigger
You enter an area
This Trigger fires every time you enter an area you specify.
⑥
Locate an area
Edit location
Google
New Applet
⑦
if
then
that
Want to do more?
Explore the platform
New Applet
Select action service
device
Popular
⑧
Twitter
Email
Gmail
Google Drive
Notifications
31
Google Calendar
All Services
500px
abode
Adafruit

(b)

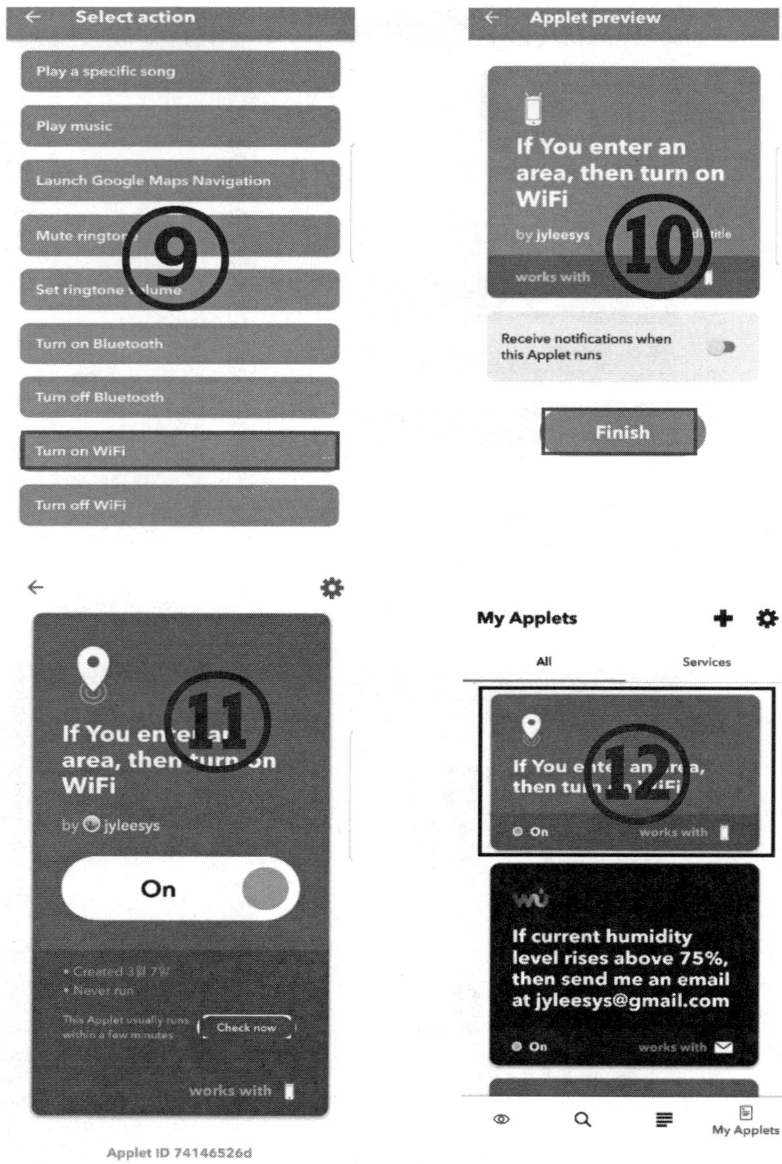

(c)

그림 1-20 IFTTT 실습 예

1.4 IoT 서비스 및 사업자 분류

IoT 서비스는 크게 민간영역과 공공영역의 서비스로 나눠 볼 수 있다. 민간영역의 IoT서비스는 CE(Consumer Electronics)와 같은 민간영역의 IoT 디바이스를 만든 업체에서 제공할 수도 있고, IoT 플랫폼 서비스 업체가 제공할 수도 있을 것이다. 반면에 공공영역의 IoT 서비스는 인프라스트럭처를 관리하는 기관에서 수직통합시스템(Vertical System)의 형태로 지원하게 된다. 이 절에서는 IoT 디바이스에 대한 IoT 플랫폼 서비스를 제공하는 아마존, 마이크로소프트와 IoT 디바이스 업체에 IoT 플래폼 서비스 및 컨설팅 등 IoT 관련 total solution을 제공하는 Xively에 대해 살펴 보기로 한다. 또한 공공 인프라스트렉쳐 지원을 위한 수직통합시스템에 대해서도 알아본다.

1) 아마존

아마존은 아마존 웹 서비스(AWS; Amazon Web Service)를 통해 IoT 서비스를 하고 있다. 여러 가지 형태의 단말을 AWS와 연동하는 Toolkit을 제공하고 있으며 마이크로소프트, 구글 등 기타 IoT 서비스 업체들의 매출을 다 합쳐도 아마존 IoT 서비스 매출의 10%에 불과하다. AWS IoT 1-Click, AWS IoT 디바이스 Management, AWS IoT 디바이스 Defender, AWS IoT Analytics, Amazon FreeRTOS, AWS Greengrass ML Inference 이 여섯 가지 IoT 관련 서비스를 이용하여 쉽게 IoT 서비스를 시작할 수 있으며 대규모 장치들을 신속하게 클라우드에 연결하여 쉽게 관리할 수 있게 된다.

- AWS IoT 1-Click은 IoT 디바이스가 클라우드 연결 서비스인 'AWS IoT'를 가장 쉽게 시작할 수 있게 하는 서비스이다. 1-Click 모바일 앱을 다운로드하여 장치를 등록하기만 하면 장치에서 'AWS Lambda'기능을 이용할 수 있다. 상품과 서비스의 주문 등을 AWS IoT button의 단일 버튼으로 가능하다.
- AWS IoT 디바이스 Management, AWS IoT 디바이스 Defender는 다수의 IoT 장치군을 효율적이고 안전하게 관리하기 위한 서비스로서 AWS IoT 디바이스 Management는 장치의 설치에서부터 소프트웨어 업데이트, 사용 중지까지의 관리 프로세스를 원격으로 관리하고 모니터링 할 수 있도록 하는 것으로 문제 해결과 재부팅 등을 원격으로 할 수 있다. AWS IoT 디바이스 Defender는 IoT 장치가 보안 정책에서 벗어나지 않았는지 여부를 지속적으로 모니터링하고 이상이

있는 장치를 발견했을 때 경고를 발신하는 일을 한다.

- AWS IoT Analytics는 IoT 디바이스의 대규모 데이터를 삭제, 처리, 저장 분석하는 서비스이다. 분석 대상 장치 데이터를 지정하는 것만으로 간단하게 이용할 수 있다. 'AWS IoT 디바이스 Registry'등의 공용데이터 소스를 사용하여 장치의 종류와 위치 정보 등의 IoT 전용 메타 데이터를 추가할 수 있다.
- Amazon FreeRTOS는 마이크로 프로세서를 탑재하는 장치가 많이 사용하고 있는 OS 'FreeRTOS'를 'AWS IoT Core'같은 AWS 클라우드 서비스 등에 연결할 수 있도록 확장한 것이다. 이를 통해 소형, 저전력 장치에서도 네트워킹 및 무선에 의한 소프트웨어의 업데이트, 암호화, 인증 처리 등의 일반적 IoT디바이스에 필요한 기능을 갖춘 장치를 쉽게 개발할 수 있다.
- AWS Greengrass ML Inference는 'AWS Greengrass'의 새로운 기능으로 IoT 디바이스에 쉽게 기계학습 기능을 추가할 수 있다. 일반적으로 기계학습은 클라우드의 IoT데이터에 기계학습 모델을 구축하고 학습하며, 다양한 결정을 내리고 있지만 일부 응용 프로그램은 약간의 지연도 허용하지 않는 경우가 있다. 이러한 경우에 대응하기 위해 네트워크를 통하지 않고 IoT 디바이스에서 직접 기계학습모델을 적용해 추론을 실행할 수 있도록 하는 것이다.

① AWS IoT Button

이 절에서는 AWS IoT Button을 AWS IoT 와 연결하여 작동시켜봄으로써 AWS IoT 서비스가 어떻게 지원되는지 알아보기로 한다. AWS IoT Button은 Wi-Fi를 사용하는 Programmable 디바이스로서 전체적인 동작 절차를 살펴보기로 한다. 그 전에 AWS IoT의 구성을 살펴보면,

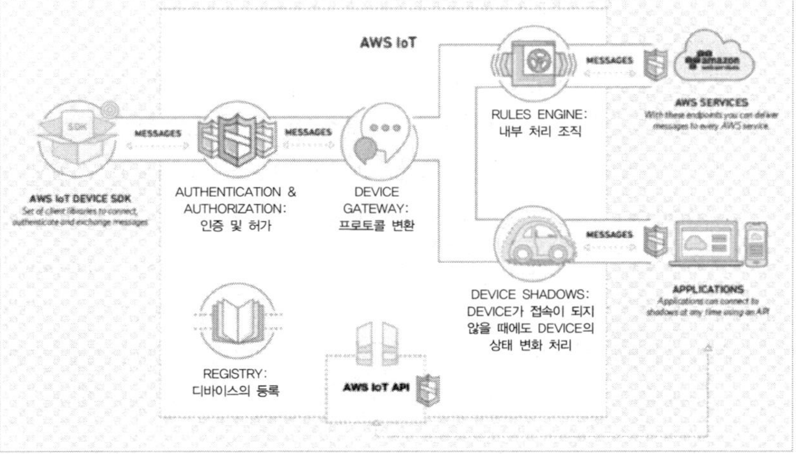

그림 1-21 AWS IoT

가. AWS IoT Button 등록 및 실행

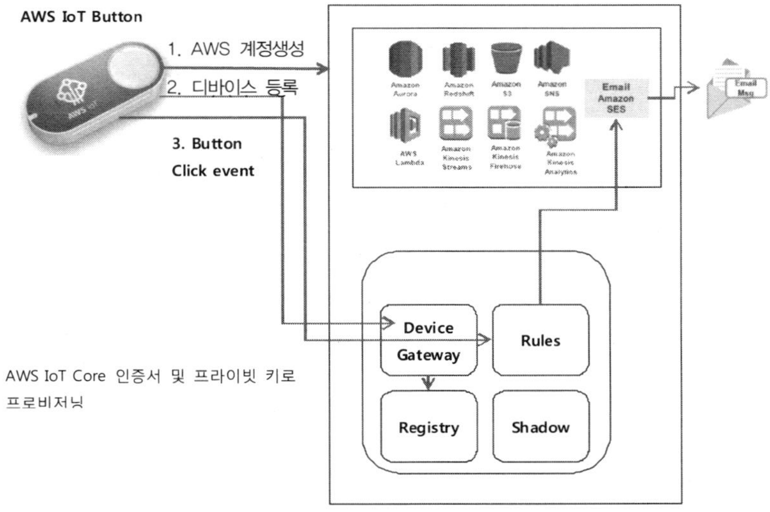

그림 1-22 AWS IoT Button 등록 및 실행

그림에서 보는 바와 같이 AWS IoT Button을 AWS에 접속하여 작동시키기 위해서는 아래의 절차를 따라 수행해야 한다.

1. AWS 계정 생성
   AWS 계정 생성은 Amazon AWS 홈페이지에 상세하게 나와 있으므로 참조하기 바란다.
2. 디바이스 등록
   AWS IoT Core 인증서 및 Private key로 Provisioning해야 한다.

AWS IoT Button 등록 및 실행 절차는 아래와 같다.

- AWS IoT Button을 AWS에 등록시키기 전에 아래와 같은 AWS IoT Button을 Configuration하는 작업을 먼저 해야 한다. AWS IoT Button의 Configuration을 설정하기 위해서는 AWS IoT Button의 flash가 파란색이 될 때까지 AWS IoT Button의 White button을 5초에서 10초 정도 누르고 있어야 한다.
  – 이제 AWS IoT Button이 configuration mode가 되어서 Wi-Fi network access point로 동작하게 된다.
- 이제 컴퓨터를 AWS IoT Button이 생성한 Wi-Fi network에 연결한다.
  – Wi-Fi network은 "Button ConfigureMe – XX"와 같은 이름을 가지게 된다.
  –The WPA2-PSK 암호는 Button뒤에 쓰여 있는 device serial number의 마지막 8개 숫자가 된다.
- 컴퓨터가 Button ConfigureMe network에 접속되었으면, http://192.168.0.1/index.html를 치면 아래의 설정 화면이 뜨게 된다.

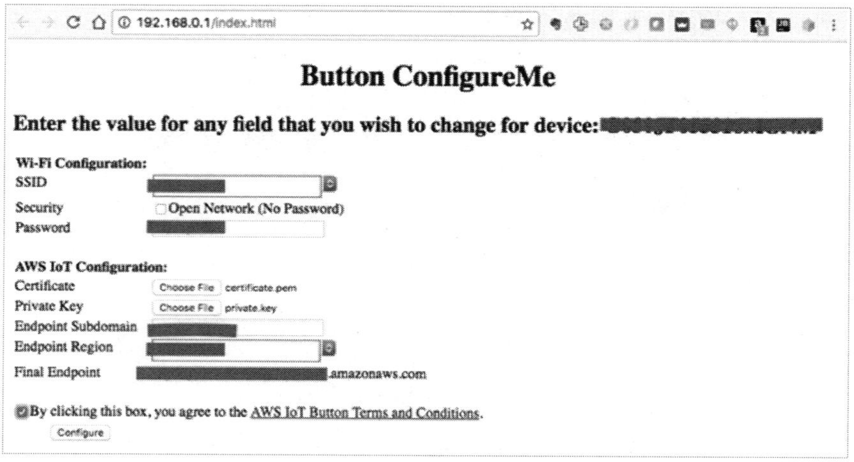

그림 1-23 AWS IoT Button Configuration화면

3. Button을 Click하여 'Button Click Event'를 발생시킨다.
그러면 디바이스 Gateway의 Lambda function을 거쳐 Amazon SNS server에 아래의 메시지를 전송하도록 요청하게 된다.

```
Subject: `Hello from your IoT Button ${event.serialNumber}: ${event.clickType}`,
Message: `${event.serialNumber} -- processed by Lambda₩nBattery voltage:
         ${event.batteryVoltage}`,
```

실제 사용자에게 오는 메시지는 다음과 같다

그림 1-24 AWS IoT Button Event 전달

나. AWS IoT Button Push 동작 時, Call Flow

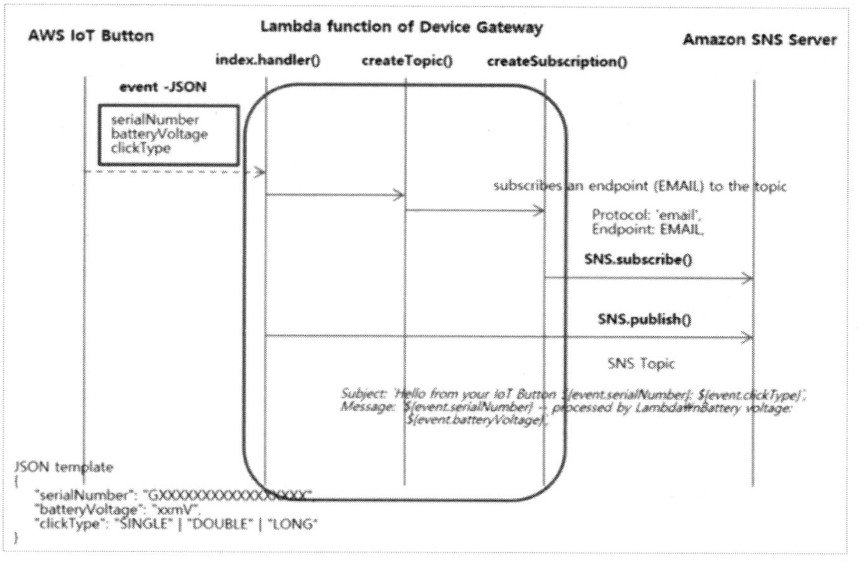

그림 1-25 AWS IoT Button Push 동작 Call Flow

AWS IoT Button이 눌러 지면

- JSON(JavaScript Object Notation)형식의 Event가 발생하는데, Serial Number, Battery Voltage, Click Type이 포함된다.
- 디바이스 Gateway의 Lambda function내의 index.handler()가 event를 받고 난 후, createTopic()을 호출한다.
- createTopic()은 createSubscription()을 호출한다.
- createSubscription()은 endpoint값으로 EMAIL을 topic에 등록하고 Amazon SNS Server의 SNS.subscribe()를 호출한다.
- 디바이스 Gateway의 Lambda function내의 index.handler()는 이제 마지막 과정으로 SNS.publish()를 호출한다. 이 때 SNS Topic에는 아래의 메시지가 담기게 된다.

```
Subject: 'Hello from your IoT Button ${event.serialNumber}: ${event.clickType}',
Message: '${event.serialNumber} -- processed by Lambda\nBattery voltage:
          ${event.batteryVoltage}',
```

2) 마이크로소프트

마이크로소프트는 애저 IoT 스위트(Azure IoT Suite)을 통하여 Azure에 연결된 IoT 디바이스들에 대해 IoT 서비스를 제공한다. IoT 디바이스들로부터 생성된 데이터를

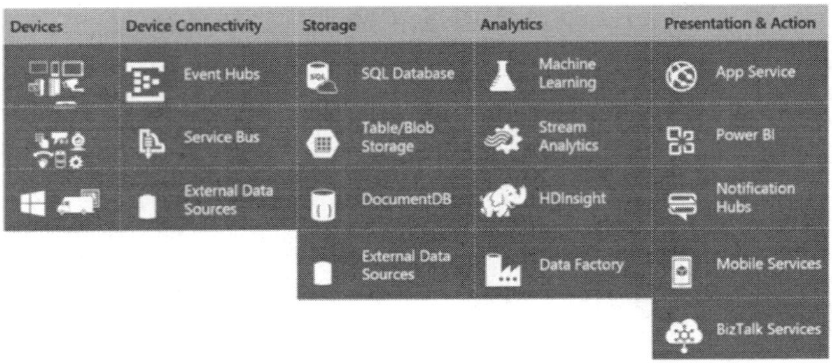

그림 1-27 애저 IoT 스위트

받아서 이를 처리하고 분석하여 IoT 디바이스들에게 control 메시지를 주거나 분석된 데이터를 잘 볼 수 있는 형태로 사용자에게 제공하는 일을 한다.

아래 그림은 DCoJA Alliance Drone이 애저 클라우드 IoT 서비스의 지원을 받는 것을 나타낸 것으로, DCoJA Alliance Drone이 Sensing한 데이터를 애저 IoT Gateway를 통해 IoT 허브에 보낸다. 애저 IoT Gateway는 UDP protocol로 JSON(Java Script Object Notation)형식의 데이터를 받아 이것을 IoT 디바이스 전용 프로토콜인 AMQP(Advanced Message Queuing Protocol)로 Conversion하여 IoT 허브로 전송한다. IoT 허브는 데이터들을 Stream Analytics 모듈로 보내 실시간으로 데이터를 분석하게 하고 저장한 후, Power BI를 통해 시각화하여 사용자에게 Console이나 스마트폰 앱을 통해 보여주게 된다.

이제 애저 IoT 스위트를 자세하게 살펴보자.

그림 1-26에서 설명한 바와 같이, IoT 디바이스는 디바이스 Connectivity 모듈을

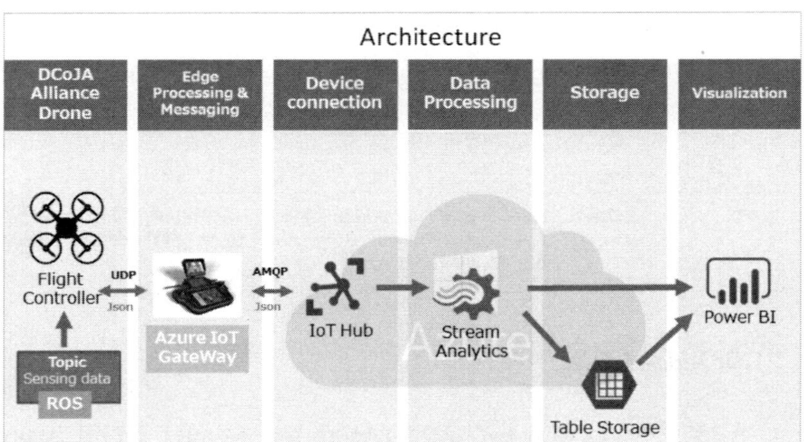

그림 1-26 애저 IoT 디바이스 연결 및 제어

통해 IoT 허브에 접속이 되고, IoT 허브의 Storage에 원시(raw) 데이터가 저장되고, 이것은 Analytics 계층의 머신러닝 모듈에 학습을 위한 데이터로 제공되거나, Stream Analytics모듈에 의해 분석되거나, HDInsight모듈를 통해 추론된다. 그리고 난 후 Presentation & 액션 계층의 앱 서비스 모듈을 통해 특정 앱과 연동되거나, Power BI 모듈을 통해 시각화된 데이터로 변환된다.

애저 IoT 스위트의 각 계층이 하는 역할을 살펴보면 아래와 같다.

- 디바이스 Connectivity 계층(layer)
  - 디바이스를 애저 IoT 허브에 연결하는 기능을 제공하고 디바이스를 관리하는 역할을 한다.
  - Event Hubs모듈은 디바이스들로부터 오는 Event를 받아서 처리하고 어디로 보낼지 결정하는 허브 기능을 수행한다. 즉 storage계층으로 forwarding하는 역할을 한다.
- Storage 계층(layer)
  - IoT 디바이스들로부터 수집된 정보를 DB화 하여 저장 및 관리한다.
  - SQL DB화하거나, Table/Blob Storage에 저장하거나, document DB에 저장할지 선택을 하게 된다.
- Analytics 계층(layer)
  - Stream을 처리하며 예측에 기반한 Analytics기능을 수행한다.
  - 워크플로우를 자동화하는 기능을 제공한다.
  - 머신러닝: 데이터에 대한 예측 분석을 빌드하고 적용하는 데 사용
  - Stream Analytics: 실시간으로 데이터를 분석
  - Azure Stream Analytics 및 Azure 머신러닝은 예외를 감지하는데 사용되기도 한다.
  - HDInsight: Hadoop, Spark, Storm 또는 HBase를 포함하고 있는 관리형 Apache 배포임.
  - 데이터 Factory: 데이터 오케스트레이션 및 데이터 파이프라인 기능을 제공
- Presentation & 액션 계층(layer)
  - Dashboard기능과 시각화하는 기능을 제공한다.
  - 예측에 기반한 유지보수 기능을 제공한다.

아래 그림에서 AWS IoT와 애저 IoT를 비교하여 살펴보면 거의 대동소이한 기능을 갖는 것을 볼 수 있다.

AWS Vs. Azure

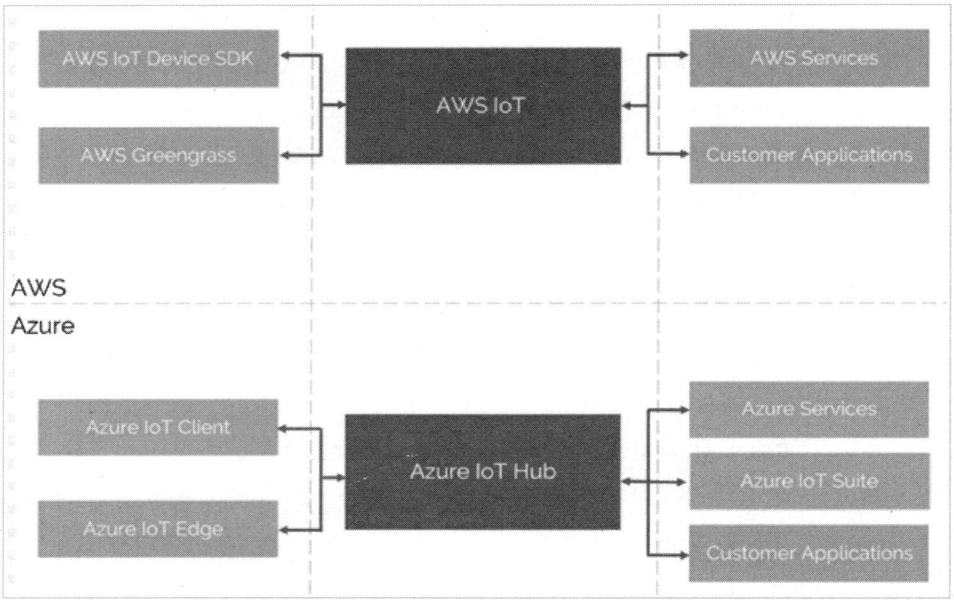

그림 1-28 AWS IoT Vs. Azure IoT

에지 컴퓨팅은 클라우드 컴퓨팅이 먼 곳에 있을 때 데이터 처리 지연 문제를 해결해 주는 대안이라, 클라우드 서비스 사업자인 아마존이나 마이크로소프트도 에지 컴퓨팅을 지원하기 위해 위 그림의 아키텍처를 제공한다.

에지 컴퓨팅과 클라우드 컴퓨팅에 대한 상세한 설명은 6장 5G 아키텍처를 참고하기 바란다.

AWS Greengrass는 AWS 클라우드 기능을 Local 디바이스로 확장하는 모듈이다. 이 모듈을 사용하면 클라우드 환경에 접속하지 않고도 IoT 디바이스에서 데이터를 수집, 분석하면서 로컬 네트워크와 디바이스 간에 안전하게 통신할 수 있다. 마이크로소프트의 애저 IoT 에지도 같은 개념의 에지 컴퓨팅 기능을 제공하는 모듈이다.

3) Xively

아마존과 마이크로소프트가 IoT 디바이스를 IoT 클라우드 서버 시스템에 연결하게 하여 IoT 서비스를 제공받도록 하는데 Focus를 맞추고 있는 반면에, Xively는 IoT 디바이스 개발 기업이 IoT 서비스를 제공하는데 필요한 인프라스트럭처와 컨설팅을 제공한다는 측면에서 사물인터넷(IoT)용 Total Solution을 제공하는 사업자라 말할 수 있다. 즉 Xively는 클라우드 서비스를 통해 기업 고유의 기술과 비즈니스를 탐색하여 사물인터넷(IoT) 관련 제품 및 서비스 상용화에 어려움을 겪고 있는 사업자들을 지원하는 전문 서비스를 제공하는 업체라고 볼 수 있다.

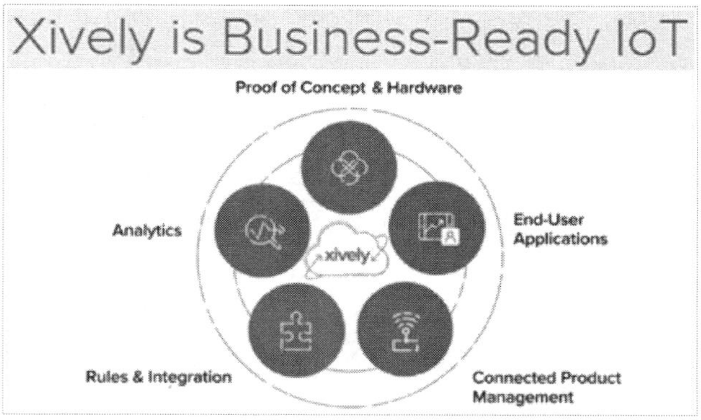

그림 1-29 퍼블릭 클라우드 사업자 Xively의 서비스

Xively는 아래의 4개의 영역, IoT 디바이스의 다른 표현인 스마트 오브젝트, Service Enabler, System Integrator, Service Provider등의 서비스와 컨설팅을 담당하는 퍼블릭 클라우드 서비스 사업자로서 2018년 3월에 구글에 인수되어 구글의 클라우드 IoT Core에 통합될 것으로 예상된다.

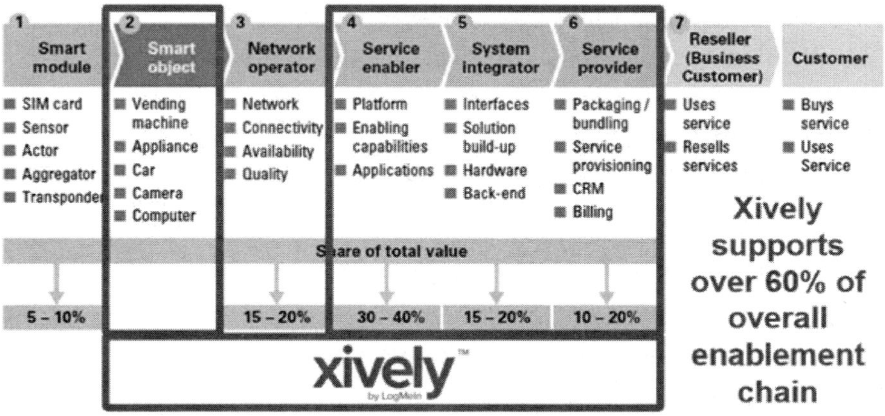

그림 1-30 Xively의 서비스 Value Chain

IoT 디바이스를 개발하고 클라우드 서비스를 제공하기 원하는 중소 업체의 경우, Xively 같은 퍼블릭 클라우드 IoT 서비스를 이용하면 자사의 IoT 디바이스에 맞춤형의 IoT 서비스를 제공할 수 있게 될 것이다. 국내 업체들은 NHN Entertainment의 토스트 클라우드(Toast Cloud) IoT 서비스를 활용하면 좋을 것이다.

4) 수직통합 생태계(Vertical 생태계)

IoT 산업 생태계는 크게 개방형 생태계와 수직통합 생태계(Vertical 생태계)으로 구분할 수 있다. 클라우드 IoT 서비스를 제공하는 아마존, 마이크로소프트, Xively와 같은 회사는 개방형 생태계를 제공하는 IoT 서비스 사업자인 반면, 전력이나 가스 등 공공 인프라스트럭처(Infrastructure)에 대한 IoT 서비스는 수직통합 생태계 성격을 갖는다. 이는 전력과 가스 같은 공공 인프라는 효율과 보안 측면에서 개방형 생태계형태가 적합하지 않아 전력과 가스 인프라에 맞는 플랫폼과 애플리케이션 그리고 그 특성에 맞게 설계된 네트워크 서비스가 지원되어야 하기 때문이다.

그림 1-31 IoT 산업 생태계는 수직통합과 개방생태계간 공존구도

- 디바이스 계층: 통신 모듈(블루투스, Wi-Fi, Zigbee, NFC 등)이나 각종 센싱 모듈을 탑재한 디바이스들로 전력/가스관련 스마트 미터기, 자동차나 운송트럭, 주차장디바이스, 혈압/맥박 센서, RFID 장착디바이스 등.
- 게이트웨이 계층: M2M 클라우드로 구성되며, 벤처나 대형 SI업체가 기능을 담당
- 코어 네트워크 계층: LTE, 5G WLAN등 이동통신사업자가 중심이 되는 부분
- 플랫폼 계층: 디바이스관리, 데이터 저장 관리, 분석처리, 인증, 애플리케이션 API 등
- 애플리케이션 계층: 업종별로 다양한 응용서비스나 앱이 필요하며, 개발자 생태계를 통해 가능

1.5 IoT 서비스 분야

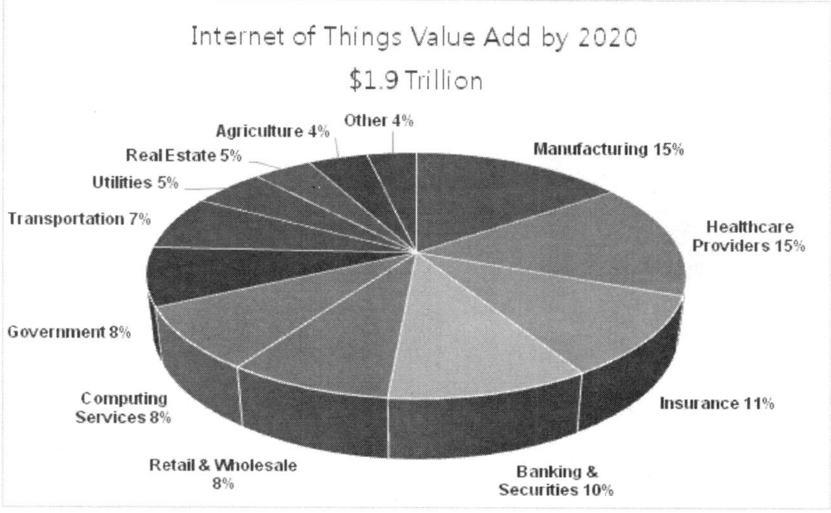

출처: Gartner, 2016

그림 1-32 IoT Market Value 2016

2016년에 Manufacturing분야 IoT 투자액이 1780억불에 달했고 2020년에도 전체의 15%가 투자될 것으로 IDC는 예측했다. 여러 산업에 걸친(Cross-Industry) Connected vehicles와 스마트 빌딩 등이 투자 상위 세그먼트에 들어갈 것으로 보았다. Connected Vehicles는 7.2절의 스마트카에서 자세히 다룰 것이니 참조하기 바란다. 우리가 1.2절에서 보았던 IoT 디바이스들은 healthcare, retail, consumer electronics 세그먼트에 속하며 이 세그먼트에 대한 투자도 빠른 성장률을 보일 것으로 예측되고 있다

우리가 이 책에서 상세하게 다룰 임베디드 시스템은 대부분이 일반 소비자 영역(consumer-facing) IoT에 속하지만 기업 영역(Business Facing) IoT에 대해서도 관심을 가져야 IoT 전체 시장의 발전 방향을 파악하기 용이할 것이다. 위의 그림을 조금 더 상세하게 나눠보면 소비자 영역 (consumer-facing) IoT는 Home, Lifestyle, Health, Mobility등으로 구성된다. 이들 세부 애플리케이션 영역이 향후 사용자의 잠재 요구를 만족시키기 위해 갖추어야 할 가상비서, 개인화 서비스(Personalized Service) 기능 등은 8.2절 5G 상의 IoT 디바이스 발전 방향에서 자세히 다루기로 한다. 이들 가상비서와 개인화 기능은 차세대 IoT 디바이스의 핵심 기능 요소라고 할 수 있다.

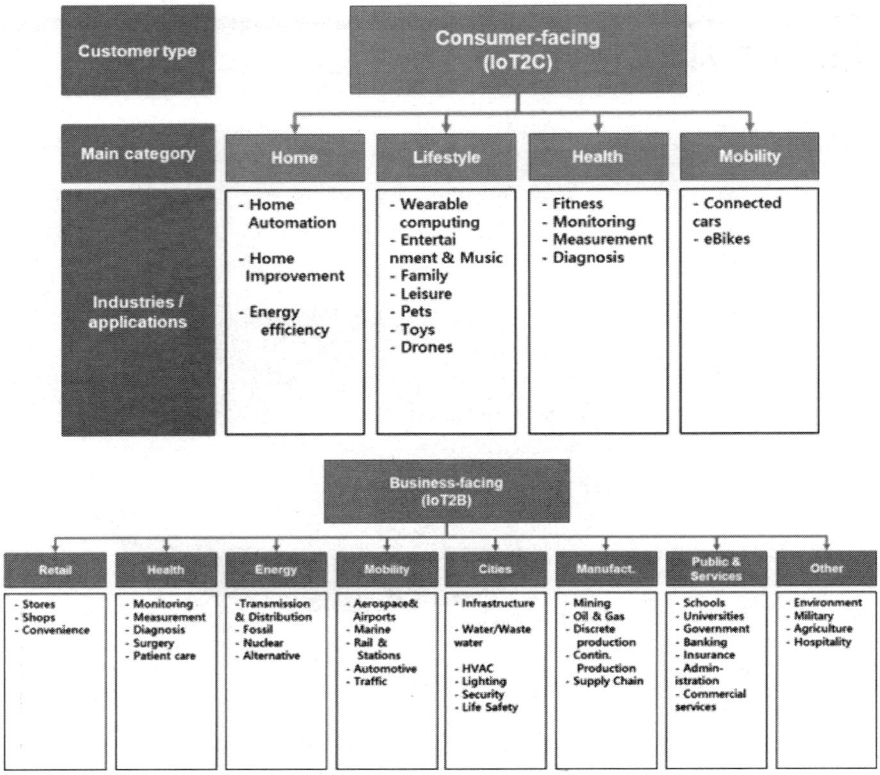

그림 1-33 Market Segmentation, 출처: IoT Analytics

2장

임베디드 시스템

들어가기

사물인터넷(IoT)의 사물에 해당하는 임베디드 시스템은 소프트웨어, 하드웨어, 기구로 구성된다. 이러한 임베디드 시스템은 일반 컴퓨터에서 개발되는 소프트웨어와 달리 자원, 적시성, 환경 등 여러 가지 제약 요인을 고려한 설계와 개발이 이루어져야 한다. 개발 환경으로써 하드웨어 프로세서는 어떤 것을 사용할지, OS를 이용할 것인지, 펌웨어를 이용할 것인지 고려하고 구현할 시스템에 맞게 선택해야 한다. 그렇지만 여기서는 개발의 편이상 가장 시장 점유율이 높은 Arm 프로세서와 임베디드 리눅스를 추천한다. 향후 다른 시스템을 개발하려고 할 때 개발 환경 변화에 따른 오버헤드를 줄여줄 수 있기 때문이다.

또한 이 장에서는 임베디드 시스템을 개발할 때 중요한 요소인 임베디드 시스템 개발 프로세스를 소개한다. 분석, 설계, 구현, 시험, 적용 및 전개의 개발 단계가 단 한 번에 끝나는 게 아니라 여러 번 반복되어 지속적으로 사용자의 요구 사항을 도출하고 명확하게 확인하는 과정이 필요하다.

임베디드 시스템은 객체나 시스템에 내장되는 시스템이란 뜻으로, 컴퓨터의 하드웨어와 소프트웨어가 미리 정해진 특정한 기능을 수행하기 위하여 결합된 시스템으로 정의를 내릴 수 있다. 우리가 관심을 갖고 있는 사물인터넷(IoT)의 사물, 즉 가전제품, 모바일 장비, 스마트 시계, 웨어러블 컴퓨터 등이 임베디드 시스템에 해당된다.

2.1 임베디드 시스템 정의

임베디드 시스템은 객체나 시스템에 내장되는 시스템을 의미하며, 컴퓨터의 하드웨어와 소프트웨어가 미리 정해진 특정한 기능을 수행하기 위하여 결합된 시스템으로 정의를 내릴 수 있다. 우리가 관심을 갖고 있는 사물인터넷(IoT)의 사물, 즉 가전제품, 모바일 장비, 스마트 시계, 웨어러블 컴퓨터 등이 임베디드 시스템에 해당된다.

그림 2-1 임베디드 시스템 예

2.2 임베디드 시스템의 특징 및 제약(Constraint)

임베디드 시스템은 일반적으로 자원(Resource)이 한정된(Constrained) 시스템을 의미한다. 따라서 소형, 경량, 저전력 특성을 갖게 되지만 자동차의 전자제어장치(ECU)와 같이 복잡한 시스템도 임베디드 시스템에 포함된다. 내장(Embed)되어 동작하므로 고 신뢰성도 확보되어야 한다.

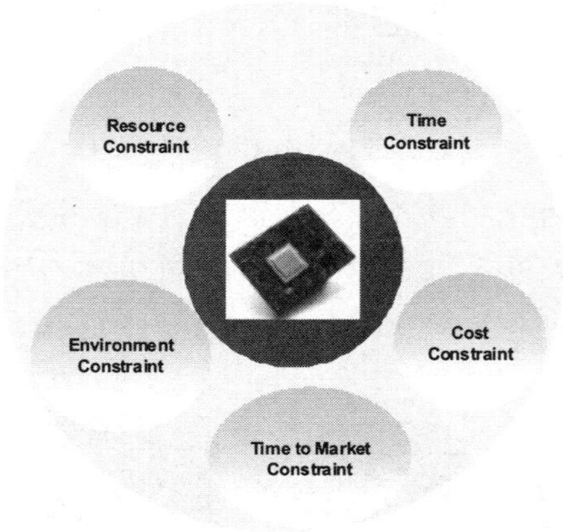

그림 2-2 임베디드 시스템의 제약 점

임베디드 시스템은 아래의 제약 사항을 갖고 있다.

- 자원의 제약(Resource Constraint)
  임베디드 시스템은 power, memory, CPU등 자원의 제한이 있을 수 있다.
- 시간의 제약(Time Constraint)
  Real-time system으로 동작할 경우 response time deadline이 있을 수 있다.
- 환경적 제약(Environment Constraint)
  외부 기온의 높낮이, 높은 압력, 습도, 수분, 충돌 등의 외부 제약 요소가 존재한다.
- 비용의 제약(Cost Constraint)
  가격을 낮추는 것이 관건이므로 하드웨어 Spec.은 필요한 기능 만족을 위한 최소여야 한다.
- 시장 진입 시간 제약(Time-to-Market Constraint)
  시장에 빨리 대응하기 위해 설계와 개발 cycle에 제한을 받는다.

2.3 임베디드 시스템의 구성요소

임베디드 시스템의 구성요소는 크게 하드웨어와 소프트웨어로 나뉜다.

- 임베디드 하드웨어
- 임베디드 소프트웨어

임베디드 시스템은 CPU, Memory 등 자원의 제약으로 인해 소프트웨어가 운영체제 기반으로 동작할 수도 있지만 운영체제 없이 펌웨어 기반으로 동작할 수도 있다.

운영체제 기반과 펌웨어 기반의 차이를 살펴보면 아래와 같다.

- 펌웨어 기반의 소프트웨어
  - 운영체제(OS)없이 하드웨어 시스템을 구동하기 위한 시스템 프로그램
    간단한 임베디드 시스템 소프트웨어의 경우는 굳이 복잡한 운영체제를 사용함으로 해서 얻는 장점보다 운영 체제의 오버헤드로 인한 부작용이 더 크다.
- 운영체제 기반의 소프트웨어
  - 소프트웨어가 복잡해짐에 따라 펌웨어 형태로는 한계에 도달함
    서로 다른 Priority를 갖는 여러 Task 처리나 복잡한 하드웨어 관리 등
  - 운영 체제는 하드웨어에 의존적인 부분, 여러 프로그램이 공통으로 이용할 수 있는 부분을 별도로 분리하여 만든 프로그램이어서 하드웨어를 직접 다루지 않고 운영체제가 제공하는 시스템 콜을 불러 쓸 수 있어서 애플리케이션 작성에만 집중하면 되므로 프로그래밍하기 쉬움.

1) 임베디드 시스템 개발을 위한 하드웨어 선택

임베디드 시스템 개발을 고려하고 있다면 개발 과정의 분석 단계 후에 하드웨어 부터 운영체제까지 선택을 하고 개발에 착수해야 한다. 시장에는 하드웨어와 운영체제가 매우 다양하게 존재하지만, 시장 점유율이 높을 것으로 예측되는 하드웨어와 운영체제를 개발 플랫폼으로 정한다면, 향후 선택한 플랫폼상에서 임베디드 시스템을 개발할 가능성이 매우 높을 것이다. 이 책에서는 하드웨어에 대한 언급은 거의 안 하겠지만 독자 입장에서는 임베디드 시스템 하드웨어의 트렌드 정도는 알고 넘어가는 것이 좋을 것이다.

Markets for ARM: 2015 and 2020

Application	Chip Function	2015 Device Shipments	2015 Chip Shipments	2015 ARM Chips	2015 Market Share	2020 Device Shipments	2020 Chip Shipments	2020 Chip CAGR
Mobile Computing *	Apps Processors	1,800	1,800	1,600	>85%	2,400	2,400	+6%
	Connectivity and Control		11,000	4,000	37%		16,000	+6%
Consumer Electronics **	Apps Processors	3,600	1,000	700	70%	5,200	1,700	+7%
	Connectivity and Control		8,000	3,000	40%		10,000	+5%
Enterprise Infrastructure	Servers	300	22	>0	<1%	400	27	+4%
	Networking - Infrastructure		140	20	15%		180	+5%
	Networking - Home and Office		700	200	30%		780	+4%
Automotive	Apps Processors	90	68	65	>95%	100	450	+34%
	Control		2,700	200	7%		3,500	+5%
Embedded Intelligence	Apps Processors		500	350	70%		1,000	+15%
	Connectivity		600	300	50%		5,000	+53%
	Control		20,000	4,400	22%		30,000	+8%
Total (in millions)			46,500	14,800	32%		71,000	+9%

* Includes smartphones, tablets, laptops. ** Includes voice-only mobile phones, desktop PCs, computer peripherals, wearables, white goods, etc. Source: Gartner, WSTS and ARM estimates

그림 2-3 모바일 컴퓨팅등 여러 분야에서 ARM 시장 점유율

그림 2-3의 가트너(Gartner)가 예측한 자료를 보면 2015년, 2020년에 ARM 프로세서가 모바일 Computing, Consumer Electronics, Automotive, 임베디드 Intelligence 애플리케이션에서 70 ~ 95%의 시장 점유율(Market Share)를 차지하거나 차지할 걸로 예측하고 있음을 볼 수 있다.

2) 임베디드 시스템개발을 위한 운영체제 선택

현재 운영체제 시장을 보면 Linux나 Linux derivative가 70%를 상회함을 알 수 있다.

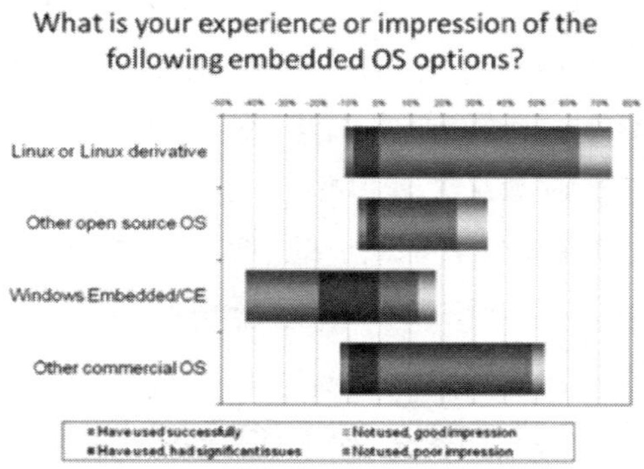

그림 2-4 임베디드 운영체제 친숙도

IoT disruption시대에도 임베디드 Linux 시장은 꾸준히 성장하고 있음을 알 수 있다.

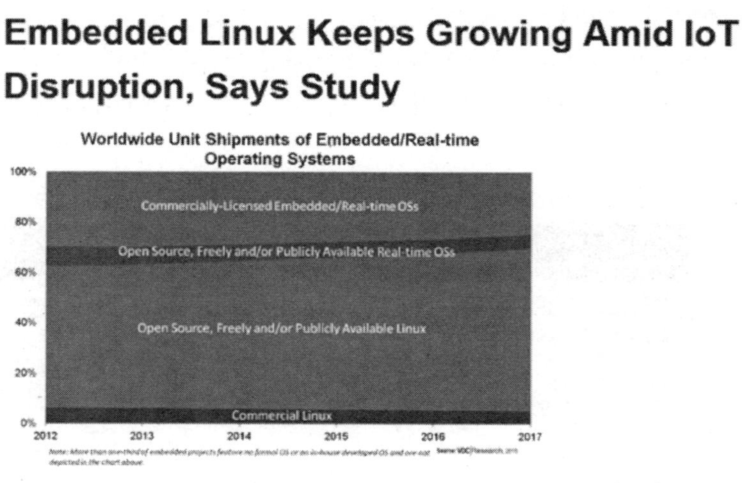

그림 2-5 임베디드 Linux의 시장 점유율

2.4 임베디드 소프트웨어 구조와 특징

임베디드 시스템은 운영체제를 사용하는 경우와 펌웨어를 사용하는 경우로 크게 나눠볼 수 있는데 요즘은 임베디드 시스템 하드웨어의 성능이 좋아져서 대부분의 경우 운영체제를 사용한다.

1) 임베디드 소프트웨어의 구조

운영 체제를 사용할 때 임베디드 소프트웨어의 계층적 구조는 아래와 같다.

- 운영체제
  시스템의 자원을 효율적으로 관리하고 운영하는 역할을 하며 하드웨어 장치들을 관리하는 디바이스 드라이버도 운영 체제에 포함된다.
- 미들웨어
  응용 프로그램과 운영체제 간에 위치하는 계층으로 IoT 디바이스간에 사용하는 통신 프로토콜인 OCF(Open Connectivity Foundation) 프로토콜도 미들웨어에 속한다.
- 응용 프로그램
  사용자가 직접 접하는 최상의 프로그램

운영 체제를 사용하는 큰 장점은 멀티 태스킹과 하드웨어자원 관리를 쉽고 효율적으로 해 주는 것이다.

- 멀티 태스킹(multitasking): 운영체제를 사용하면 운영체제의 스케쥴러를 사용해서 쉽게 멀티태스킹 시스템을 구성할 수 있음
- 자원 관리(resource management): 운영체제는 효율적이고도 공평한 자원 관리를 통해서 효과적인 시스템 운영을 도와 줌
- 하드웨어 추상화(Hardware Abstraction): 운영체제는 하드웨어를 추상화하여 소프트웨어 개발자가 하드웨어 대해 신경을 쓸 필요가 없도록 함
- 다양한 운영체제 서비스: 운영체제는 소프트웨어에서 필요로 하는 많은 서비스를 제공 함

2) 임베디드 소프트웨어 성격 분류

임베디드 소프트웨어는 특정한 일을 수행하도록 내장되어 동작하는 특성이 있어서

사용자의 요청사항에 즉각적으로 반응하고 사용자의 요청에 맞는 응답을 해야 한다. 이렇게 동작하는 임베디드 소프트웨어에 있어서 중요한 것은 적시성(timeliness)을 만족하는 것이다.

- 적시성이란 어떠한 환경에서도 데드라인(deadline) 이내에 논리적으로도 정확한 출력 값을 산출해 내는 것을 말한다.

이러한 적시성을 만족하도록 동작하는 시스템을 실시간 시스템(Real Time System)이라고 한다.

- 실시간 시스템의 정의
  정해진 시간 내에 시스템이 결과를 출력하는 적시성을 가진 시스템으로서 단순히 주어진 작업을 빨리 처리하는 것이 아니고 정해진 시간(deadline)을 넘어서는 안 된다는 뜻이다.

이런 실시간 시스템에는 Hard real-time 시스템과 Soft real-time 시스템이 있다.

- Hard real-time 시스템 : 제어작업이 deadline을 어기는 경우 시스템에 심각한 영향을 주는 time-critical 속성을 지닌 시스템
  예) 원자력 발전소 제어, 화재 발생 검출시스템, 항공기, 우주 왕복선, 자동차 등
- Soft real-time 시스템 : Deadline을 어긴 단위 제어 작업의 무효화로 시스템의 평균적 성능에 미세한 영향을 주는 시스템
  예) 컴퓨터, 정보디바이스, 네트워크 관련디바이스 등

2.5 임베디드 시스템 개발 환경 구축

임베디드 시스템을 개발하기 위해서는 아래와 같이 개발 환경을 구축해야 한다. 타겟 시스템은 리소스의 여유가 없어 호스트 시스템에서 임베디드 시스템 소프트웨어를 크로스 컴파일하여 타겟 시스템에 올리는 작업을 해야 한다.

- 개발 환경 구축
  - 임베디드 리눅스 상에서 개발하기 위해 개발 환경 구축 단계에서 하는 일은 크게 호스트 컴퓨터를 마련하는 것과 툴 체인을 설치하는 것
  - 호스트에는 프로그램 개발을 위한 컴파일러와 기타 유틸리티 프로그램이 필요한데, 이러한 것들을 통칭하여 툴 체인(Tool Chain)이라고 함

- 툴 체인 구축방법(이미 빌드된 툴 체인을 RPM이나 tarball 형식으로 가져와서 바로 설치하는 방법, 소스 파일을 가져와서 컴파일 하는 방법)

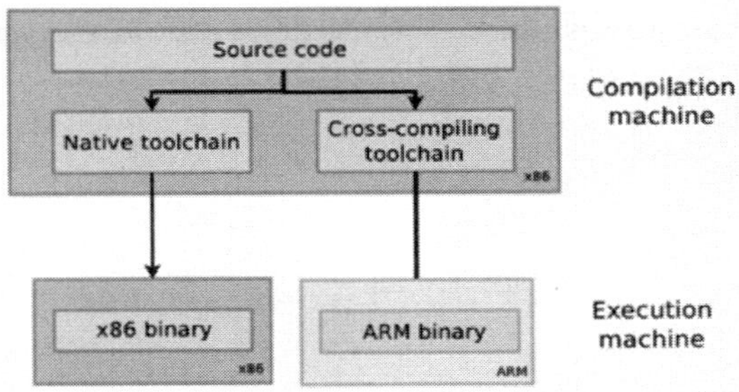

그림 2-6 임베디드 시스템 개발 환경

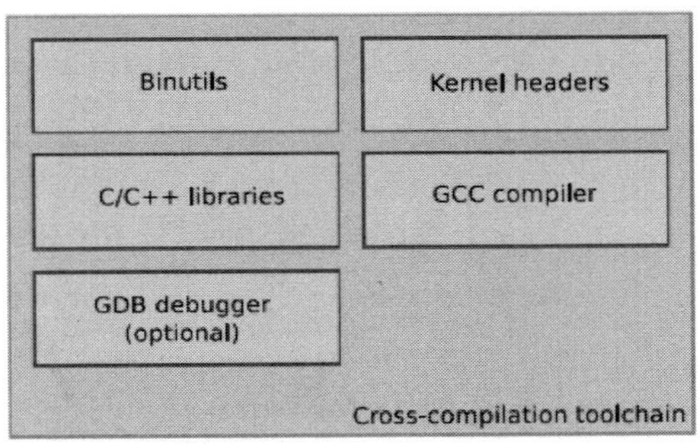

그림 2-7 Cross-compilation toolchain

- 임베디드 시스템 SW 개발 도구
  - 호스트와 타겟 시스템
  - 호스트에는 크로스 컴파일러와 디버깅 도구를 비롯한 개발 도구가 설치 되어있어야 함
- 임베디드 시스템 SW의 개발 과정
  - 컴파일
  - 링크
  - 로케이트 or loading
    - · 임베디드 소프트웨어 개발 과정에만 있는 특별한 과정으로
    - · 타겟 하드웨어의 메모리 구조에 맞게 실행 이미지 메모리 주소를 할당하는 단계
  - 디버깅

· 리모트 디버거, ICE, JTAG/BDM 인터페이스를 이용하는 방법이 있고
· 하드웨어 디버깅 툴에는 멀티미터와 오실로스코프, 로직 애널라이져가 있음

2.6 임베디드 시스템 개발 프로세스

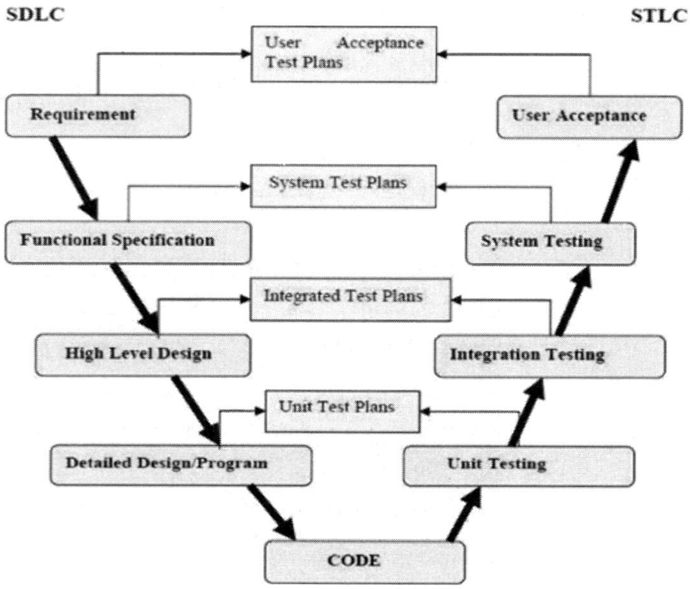

그림 2-8 SW개발 프로세스

• 일반적인 소프트웨어 개발과정은 위의 그림과 같지만, IoT (사물인터넷) 디바이스의 개발은 기구(사용자 인터페이스 및 디자인, 금형)와 회로부를 포함한 하드웨어, 임베디드 소프트웨어를 만드는 과정 전체를 포함한다. 이러한 임베디드 시스템은 기구의 형태 제약 및 하드웨어의 성능적 제약에 소프트웨어를 최적화 시키는 과정을 반복 수행해야 하므로 위의 Waterfall 모델보다는 아래의 Iteration Model, Rapid prototyping 또는 Agile 개발 방법을 사용하는 것이 적합하다.

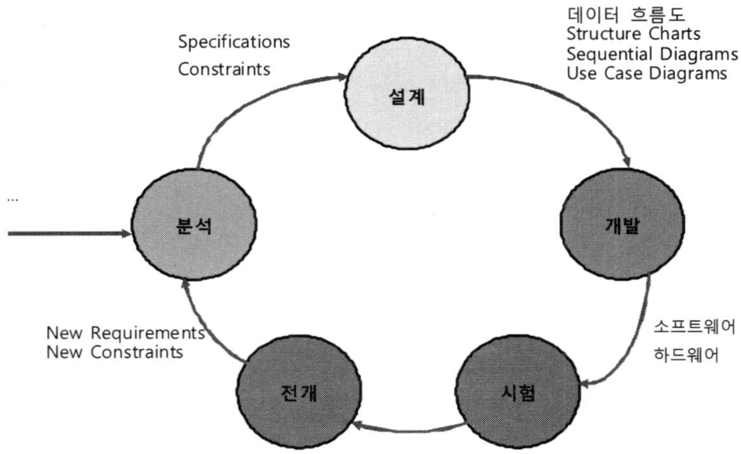

그림 2-9 임베디드 시스템 개발 프로세스

1) 분석(Analysis)

Requirements → Specifications
Constraints

2) 설계(Design)

상위 설계(High-Level Design)와 상세 설계(Low-Level Design)가 모두 이루어 지는 개발 단계이다.

상위 설계는 전체적 관점에서 시스템이 어떻게 구성되는지를 나타내는 시스템의 Overview 및 주요 컴포넌트(component)에 대한 정의, 시스템의 Interface에 대한 기술을 포함한다.

- 데이터 흐름도(DFD:Data Flow Diagram), 구조도(Structure Chart), 시퀀스 다이어그램(Sequence Diagram), 유스케이스 다이어그램(Use Case Diagram)
  3~5장 임베디드시스템설계에서 자세히 다룰 것이다.

상세 설계: 시스템의 구성 요소인 각 컴포넌트를 구체적으로 기술하는 개발 단계로 알고리즘, 데이터 구조 등 컴포넌트 내부의 논리적 설계를 포함한다.

3) 구현(Implementation)

하드웨어 board 및 기구 금형까지 개발이 완료되어야 한다.

하드웨어상에서 동작하는 소프트웨어 개발이 완료되어야 한다.

4) 시험(Testing)

벨리데이션(Validation)과 베리피케이션(Verification)과정을 거쳐야 한다.

벨리데이션은 정당성(Correctness)를 만족해야 함. 미들웨어로 IoT 통신 프로토콜이 포함되었다면 정합성 시험(Conformance Testing)과 상호운용성 시험(Interoperability Testing)을 통과해야 한다.

베리피케이션은 성능 관점에서 요구 사항이 만족되어야 한다. 예외 처리(exception handling) Testing에서는 SRS의 예외 처리 뿐만 아니라 개발 후에 도출된 예외 처리 사항에 대해서도 통과해야 한다.

5) 적용 및 향상 (Deployment & Improve)

Deployment는 알파 테스팅(alpha testing), 베타 테스팅(beta testing)을 거친 제품이 실제 현장에 적용하는 것을 의미하며 테스팅 성격 외에도 시장에서 새롭게 도출된 요구 사항이 소프트웨어 요구사양(Software Requirement Specification)에 반영되도록 해야 한다.

3장

Vanhawks 자전거

임베디드 시스템 설계

3~5장 들어가기

이번 chapter에서는 1장에서 살펴봤던 IoT 디바이스 중에서 최근 시장에서 주목받고 있고 임베디드 시스템 관점에서 구조적(structural) 특징을 갖고 있는 Vanhawks 자전거, Arist Coffee Machine, 스마트 스포츠워치(SSW)를 설계하는 방법을 살펴본다.

Vanhawks 자전거는 스마트폰의 네비게이션 앱과 자전거의 GPS정보를 토대로 방향 표시등을 제어하는 방식으로 이들 간의 데이터 흐름과 모듈화가 중요하여 데이터 흐름도(DFD; Data Flow Diagram)과 Structure Chart를 이용하여 High-level design을 진행한다.

Arist Coffee Machine은 세계적인 Barista의 recipe를 따라 각 모듈을 정교하게 제어하여 풍미 있는 커피를 만드는 IoT 디바이스로서 Coffee Machine의 각 모듈을 제어하는 일련의 동작들을 Sequence diagram을 이용하여 설계하였다.

스마트 스포츠워치(SSW)는 기본적인 Requirement를 살펴보고, Use Case Diagram을 사용하여 소프트웨어 Requirement Specification(SRS)를 작성하는 방법을 살펴 본다. 스마트 스포츠워치는 Touch Screen를 통해 사용자와 communication하며 각종 운동 데이터와 신체 정보를 표시하는 Widget을 갖고 있다. 이 Widget들은 SSW의 각 상태를 나타내므로 Widget의 전이(Transition)를 표시하는 데에 있어 Finite State Machine(FSM)이 유용하게 사용된다. 사용자의 요청 사항을 처리하고, 사용자의 운동 데이터를 측정하며, 각종 알림 메시지가 있는지를 주기적으로 체크하는 일을 수행하려고 할 때, 여러 프로세스가 동시에 동작해야 한다. 따라서 이런 상황에 적절하게 대응하기 위해 각각의 task를 정의하고 이를 프로세스화 하는 방법을 살펴볼 것이다. 또한 SSW를 사용할 때 각 상태를 표현하는 Widget들을 재구성할 필요가 있어, 이를 가능하게 하는 FSM의 상태 변화 방식에 대해서도 알아본다.

3.1 Vanhawks 자전거 개요

• Value Proposition (가치 제안)

– 후면, 측면의 자동차와의 충돌을 예방하고, 길찾기를 위한 스마트폰, 지도 사용으로 인한 위험을 사전에 예방하는 스마트 자전거

• 스마트 Feature

– 자전거의 뒷바퀴 축에 2개의 측.후방 센서 부착
  옆이나 뒤에서 오는 자동차와의 거리가 지나치게 가까울 경우, 핸들의 진동 신호 및 경보를 통해 위험을 알림

– 스마트폰의 네비게이션 연동 기능
  핸들에 내장된 LED로 이동방향을 표시

• 스마트폰 앱 연동

– 스마트폰 앱에서 자전거 사용 정보를 관리한다
  출.퇴근 이동 거리/소요시간/소모한 칼로리/평균 이동 속도 등

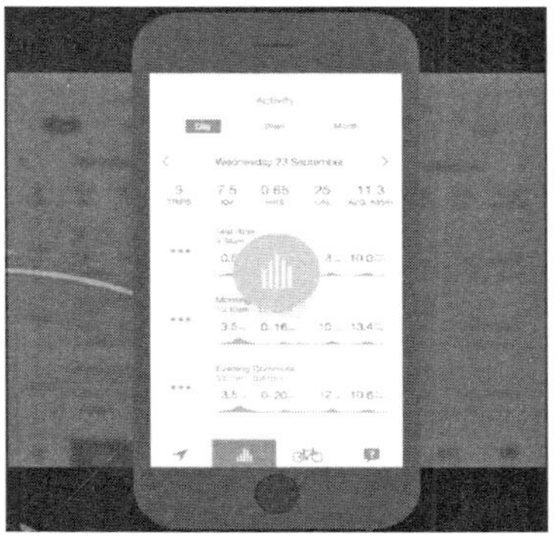

• 자전거내 정보 처리 기능

– 자전거의 GPS기능이 스마트폰의 네비게이션과 연동되어 다음 분기점에서 가야 할 방향을 표시해 준다.

Left Turn / Straight / Right Turn

• 디바이스, Server & App

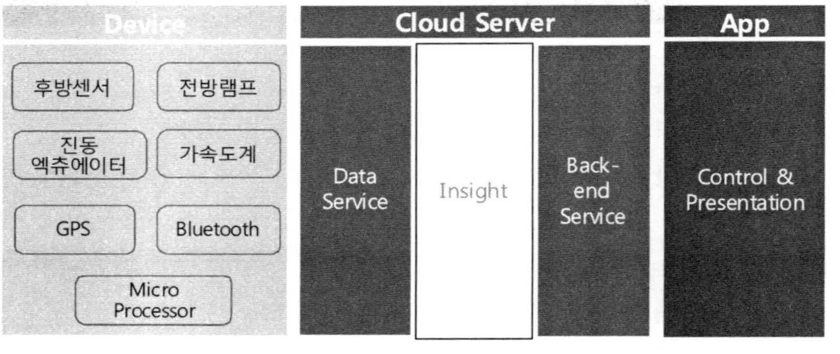

– Vanhawks자전거에서 자체 GPS정보와 스마트폰의 네비게이션 정보를 비교하여 매 교차로마다 가야할 방향을 핸들에 내장된 LED를 통해 알려준다.

• 시장 평가

– In this world of Smart things racing to get everything connecting, this is the first totally smart bike that gets smarter over time. Jennifer Jolly, USA Today

3.2 요구사항 명세(Requirement Specification)

캐나다의 대도시에는 자전거 전용도로가 없어서 자전거를 타다가 버스나 승용차에 추돌되는 사고가 빈번하게 발생한다고 한다. 또한 자전거 주행 중 스마트폰이나 지도로 길 찾기를 하는 중에 사고가 발생하기도 한다 이런 문제들을 해결하기 위해 스마트한 기능을 자전거에 넣어 주는 것이 이 스마트 자전거의 요구 사항이다.

- 요구사항(Requirements)
  - 안전하게 자전거를 타고 싶다.
  - 목적지까지 편하고 안전하게 안내해 주는 기능이 있으면 좋겠다
  - 어떻게, 얼마나 탔는지 알려주면 좋겠다.
- 요구사항 명세(Requirement Specifications)
  - 안전하게 자전거를 타고 싶다.
    안 보이는 곳(후방, 측방)의 빠른 물체(버스, 자동차, 오토바이)가 접근해 오는 것을 확실하게 알려주는 기능이 제공되어야 한다.
  - 목적지까지 편하고 안전하게 안내해 주는 기능이 있으면 좋겠다.
    목적지까지 가기 위해 네비게이션 이나 지도를 보지 않고 안내 받을 수 있는 기능이 제공되어야 한다.
  - 어떻게, 얼마나 탔는지 알려주면 좋겠다.
    자전거로 이동했을 때, 거리 정보, 이동 속도, 칼로리 소모량을 측정해 주는 기능이 제공되어야 한다

3.3 데이터 흐름도(DFD; Data Flow Diagram)

1) 데이터 흐름도

시스템의 아키텍처를 구성하는 기능적 요소 사이의 데이터 흐름을 나타내는 도표로서 세부 기능간의 관계를 표현하며 프로세스, Data Flow, Data Store, External Entity로 구성된다. CE(Consumer Electronics) 계열의 IoT 디바이스는 특정 작업을 하기 위해 세부 기능 모듈 들이 각기 작업을 수행하면서 데이터를 주고 받는 과정을 거치므로 세부 기능 모듈이 프로세스가 되고 세부 기능 모듈 사이에 데이터의 흐름을 Data Flow로 표현하기에 적합한 구조를 가진다고 볼 수 있다.

그림 중심의 표현이어서 현업 사용자와 개발자 사이의 의사소통 도구로서 활용하

기에 좋고 다차원적이라는 특성을 갖고 있다. 즉 High level에서 Low level로 level을 낮춰가며 시스템을 상세하게 서술하는 것이 가능한 장점을 가지고 있다.

각 구성요소의 기능과 Notation은 아래와 같다.

- 프로세스
  입력되는 데이터를 처리해서 원하는 데이터로 변환하는 일을 하고 출력 데이터가 있으며 Notation으로 원을 사용한다.
- Data Flow
  DFD에서 구성요소인 프로세스, Data Store, External Entity간의 인터페이스를 표현하며 Notation으로 명칭과 함께 화살표를 사용한다. 명칭의 사용은 Option임.
- Data Store
  데이터가 저장되는 장소를 가리키며 평행선 두 개로 표시한다.
- External Entity
  데이터 흐름도의 데이터 처리 과정의 시작과 끝을 표현하며 Notation으로 사각형을 사용한다.

아래는 도서 주문 시스템의 최상위(Level 1) 데이터 흐름도인데 Customer가 orders를 하면 Process Order란 프로세스가 Book Information File이름의 Data

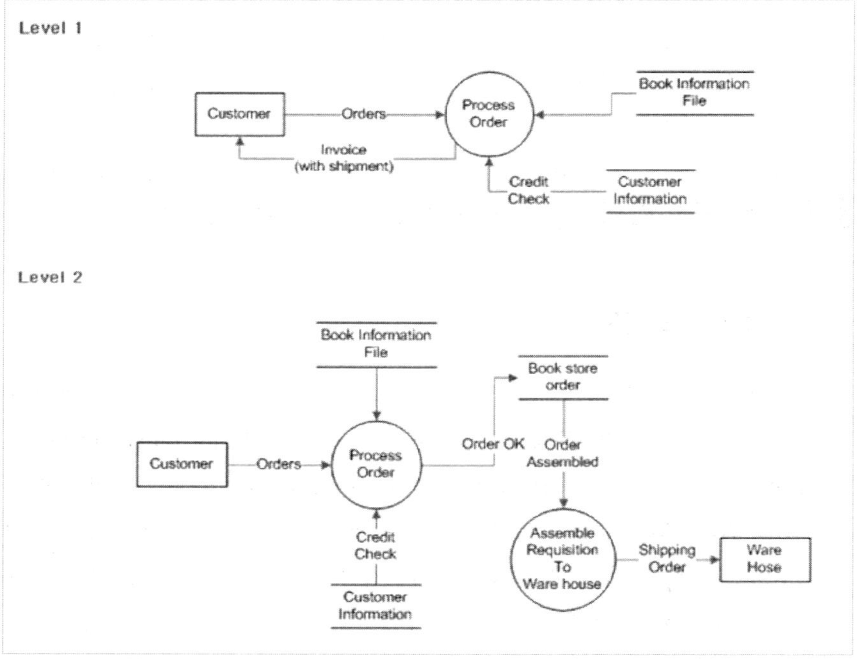

그림 3-1 도서 주문 시스템의 데이터 흐름도

Store에서 책 정보를 읽어 가격을 산정하고 Customer Information이란 Data Store에서 Credit Check 데이터를 가져와 이 Customer의 신용을 check한 후 책과 함께 Invoice를 보내는 전체적인 데이터 흐름도를 보여 준다.

Level 2 데이터 흐름도에서는 Process Order 프로세스가 한 단계 내려가서 상세하게 기술된 것을 볼 수 있다. Process Order가 책 가격 정보 검색과 Customer의 Credit Check을 끝낸 이후에 Book Store order 저장소에 Order OK 데이터를 주고 난 후 Order Assembled 정보가 생성되어 Assemble Requisition To Ware House란 프로세스에 입력 data로 들어가면 shipping order가 만들어 져서 Terminal entity인 Ware House에 입력 데이터로 들어가는 것으로 데이터 흐름이 종결되는 것을 볼 수 있다.

2) Vanhawks 자전거 데이터 흐름도

Vanhawks 자전거는 자전거 뒷바퀴축의 양쪽에 센서를 각각 달아 측면과 후방의 추돌 위험을 감지하고 스마트폰 앱과 연동하여 행선지의 방향을 알려주는 Handle Bar를 가지고 있다. 이것을 데이터 흐름도로 표현하면 아래와 같다.

sensor들로부터 sensing data를 받아서 충돌 위험이 있는지 분석하여 충돌 위험이 있으면 Handle Bar With Actuator란 Terminal Entity에 Vibration을 주라는 데이터를 보낸다.

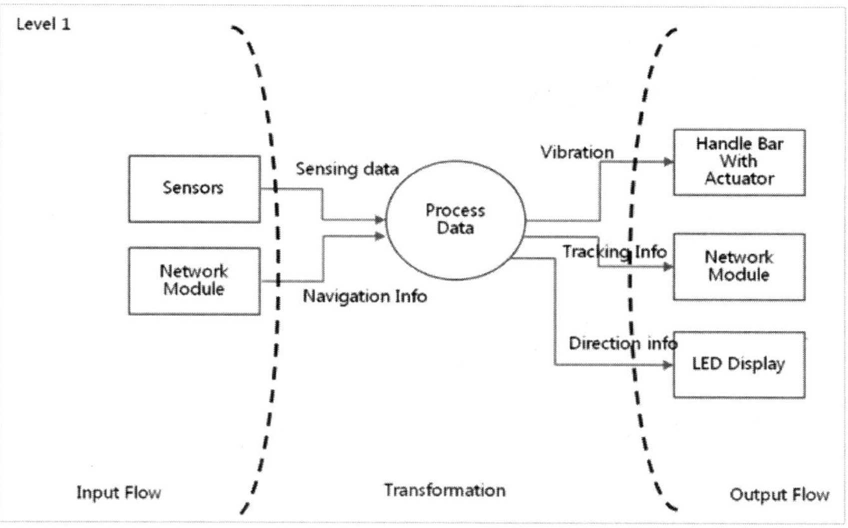

그림 3-2 Vanhawks 자전거의 Level 1 데이터 흐름도

Level 2는 Level 1보다 한 단계 내려가 sensor들의 정보가 더 명확해 지고 Process Data란 프로세스가 Data Transformation, Collision Prevention 프로세스들

로부터 sensing data를 받아서 충돌 위험이 있는지 분석하여 충돌 위험이 있으면 Handle Bar With Actuator란 Terminal Entity에 Vibration 동작을 하라는 데이터를 보낸다.

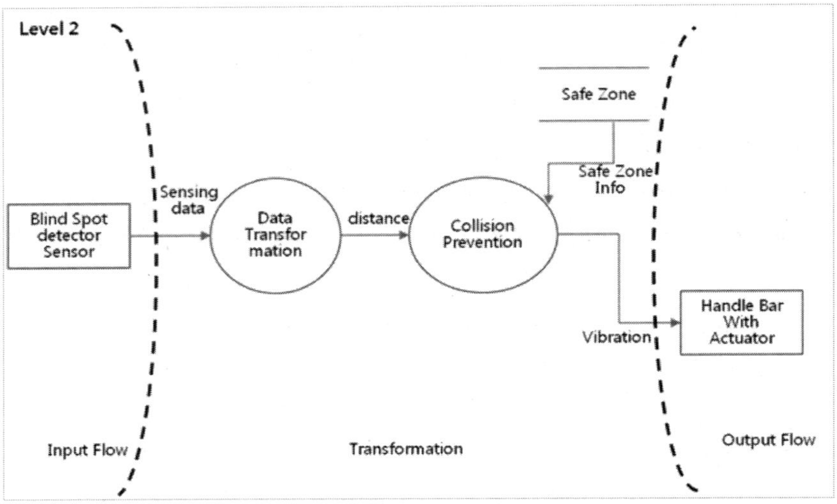

그림 3-3 Level 2 Vanhawks 자전거 데이터 흐름도 2.1

아래 그림은 Magneto Meter, Gyroscope로부터 방향 정보를 얻고 GPS receiver로부터는 GPS 정보를 받고 Vanhawks 앱으로 부터는 Navigation 정보를 받아 계산하여, 다음 교차점에서 방향을 알려 주는 Direction Indication이란 프로세스에 방향과 거리 정보를 Data로 준다. Direction Indication이란 프로세스는 방향 정보를 기초로 하여 Left LED Display나 Right LED Display에 Countdown 정보를 준다.

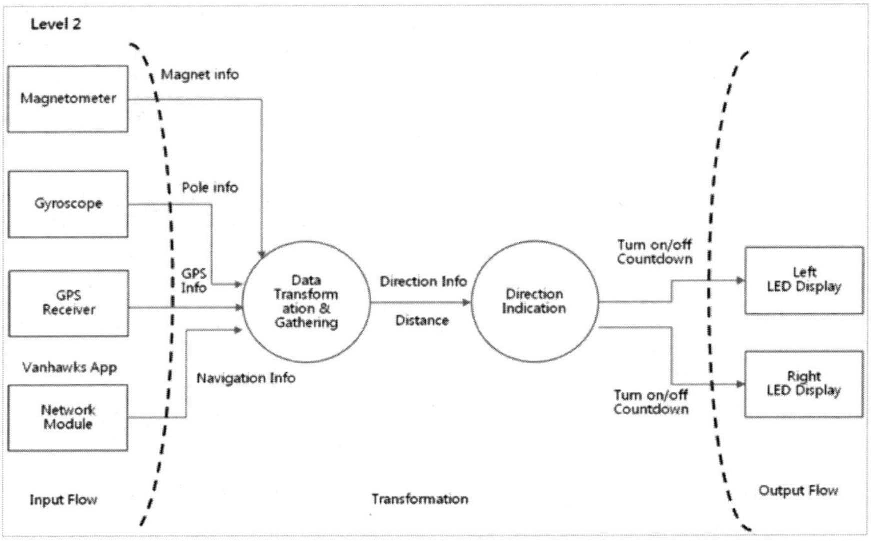

그림 3-4 Level 2 Vanhawks 자전거 데이터 흐름도 2.2

아래 그림은 Vanhawks 자전거 사용자에게 출·퇴근 등 자전거를 탔던 정보를 제공하기 위한 것으로서 Accelerometer를 통해 순간 속도 정보, GPS receiver와 네트워크 모듈을 통해 총 이동 거리(distance), 자전거를 탄 시간(ride time)등의 Data를 주어 전체 이동거리와 평균 속도, 순간 최대 속도 등의 정보를 스마트폰 앱에 제공하는 기능을 한다.

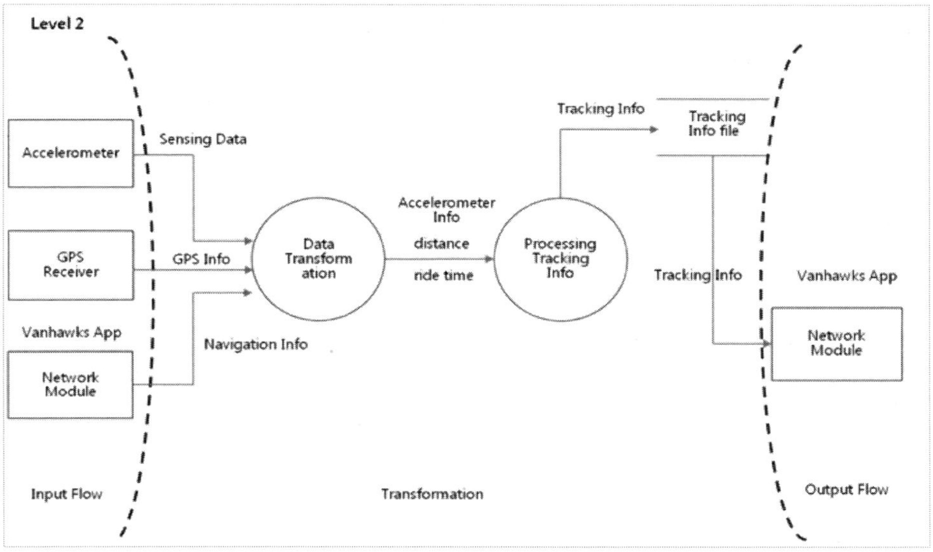

그림 3-5 Level 2 Vanhawks 자전거 데이터 흐름도 2.3

3.4 구조도(Structure Chart)

3.3절의 Level 2 데이터 흐름도의 Collision Prevention 프로세스, Direction Indication 프로세스와 Processing Tracking Info 프로세스를 하위 모듈로 두고 Process Data 프로세스를 상위 모듈로 하여 Transformation 프로세스를 포함시키면 아래 그림과 같은 구조도가 만들어 진다. 이제부터 이것을 어떻게 프로세스화하여 임베디드 시스템으로 구현할지 고민하면 된다. 프로세스로 바꿔주는 작업은 다음 장인 Arist Coffee Machine에서 자세히 설명하였으니 다음 장을 참조하기 바란다.

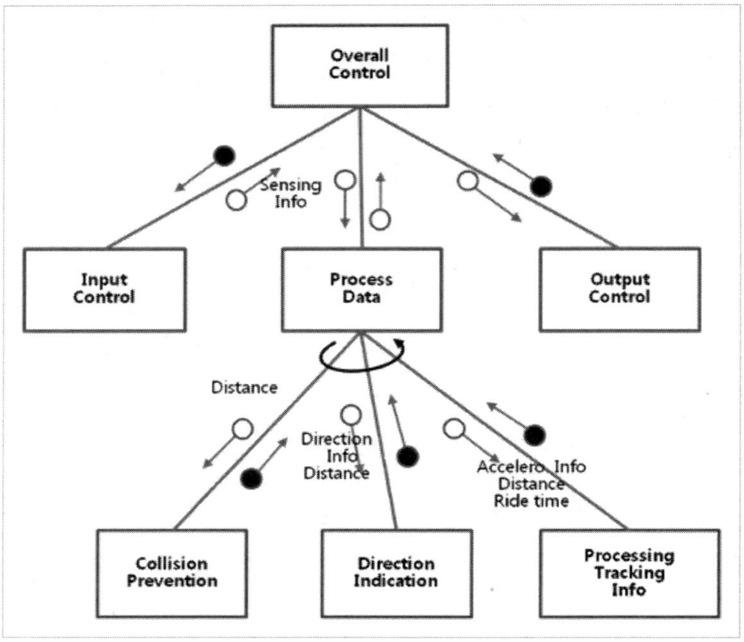

그림 3-6 Vanhawks 자전거 구조도

4장

Arist Coffee Machine

임베디드 시스템 설계

4.1 Arist Coffee Machine 개요

• Value Proposition (가치 제안)

– 개인의 취향에 맞춰 커피를 추천해주는 전담 바리스타

• 스마트 Feature

– 클라우드 서버에 있는 Arist Cloud 플랫폼에 바리스타 수백 명이 만든 수천 가지의 커피 제조법을 저장하고 이를 기반으로 사용자 취향에 맞는 커피를 추천하고 스마트폰 앱으로 다운로드할 수 있게 함

  · Arist Coffee Machine의 정밀한 제어를 통해 바리스타 수준의 커피를 제조

  · 아침마다 알림 메시지로 커피를 추천해줌

  · 다른 사용자와의 제조법 공유가 가능

• 스마트폰 App 연동

– App을 통해 레시피를 추천받고 및 다운로드하는 기능이 제공됨
개인의 취향에 맞춘 Personalized service 제공

– Arist Coffee Machine의 커피 제조 프로세스를 제어함

  · 동작 순서 – Cappucino Brewing
  Pumping Water/Steaming Milk – boiling water/Grinding Beans – Tamping

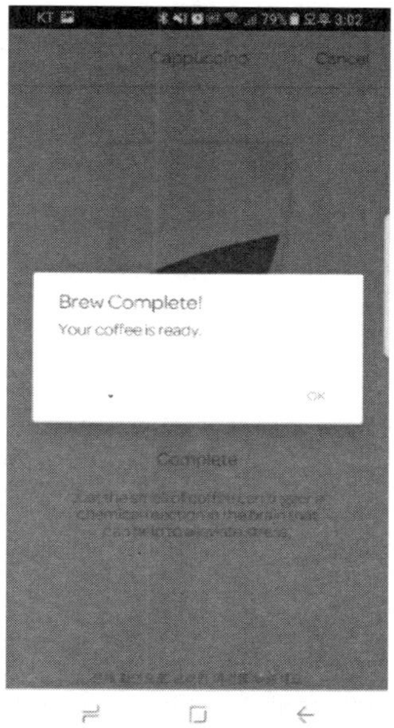

• 디바이스, Server & App

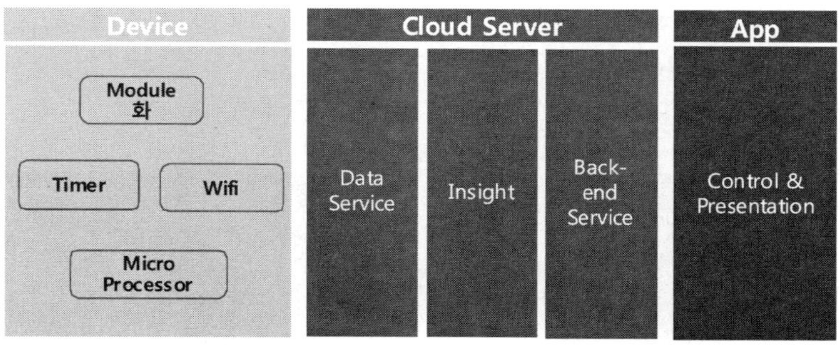

– 클라우드 서버에 바리스타들이 만든 커피제조방법(recipe)을 저장하고, 인공지능으로 개인별 취향에 맞는 커피를 추천해 주는 Arist Cloud 플랫폼 기능을 탑재하고, 사용자가 개인별로 App을 통해 recipe를 다운로드 받고 이를 Arist Coffee Machine과 통신하며 커피를 만드는 기능을 제공한다.

• 자체 평가

Arist Company says

:brews coffee like the Best Baristas Anytime Anywhere

• Arist Coffee Machine 구성

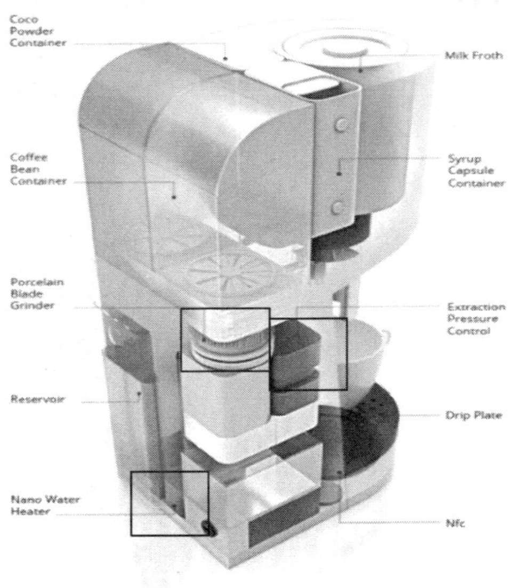

Porcelain Blade Grinder - 분쇄 굵기 조정
Nano Heat Water - 물 온도 조절
Extraction Pressure Control - 에스프레소 추출시간 조정

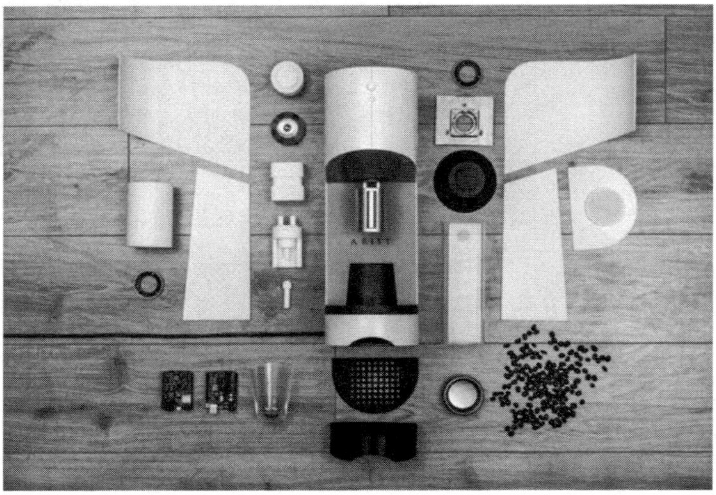

• Arist Coffee Machine의 Recipe

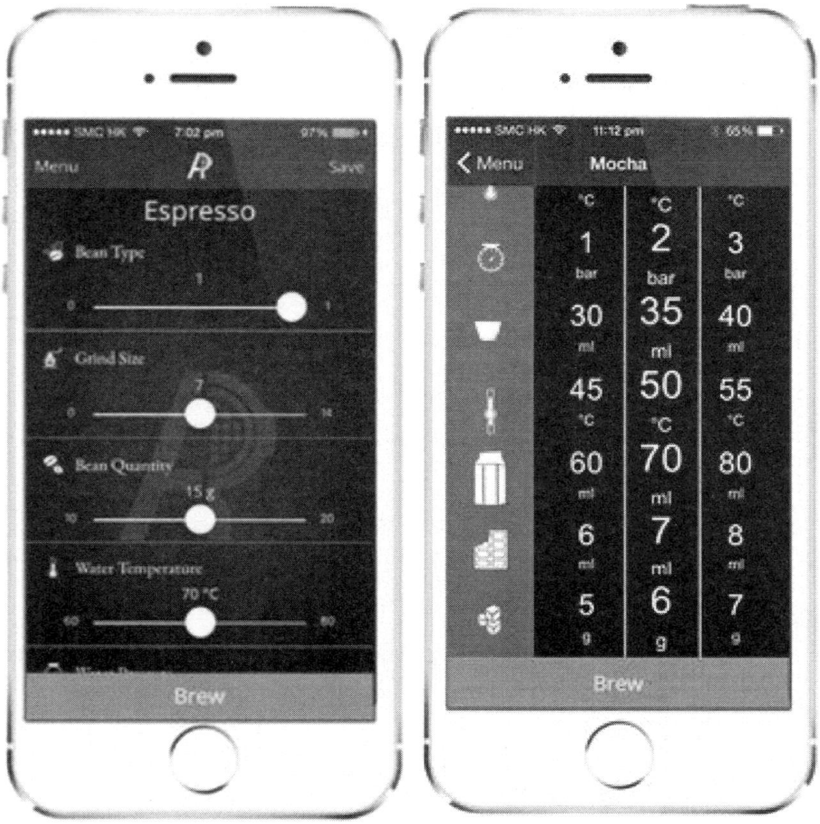

• Arist Coffee Machine의 Recipe 분석

Recipe 구성	수치 값	Control Factor	대상 객체
원산지	1	Bean Type	–
로스팅 정도	1	Bean Type	–
Bean Quantity	18g (1 ~ 20)	노즐 오픈시간	Coffee Bean Container 개폐시간
Grind size	5 (1 ~ 14)	Grinding 시간	Porcelain Blade Grinder
Water Temperature	70도(60 ~ 80)	Heater작동시간	Nano Water Heater
에스프레소 추출시간	20초	Water Pressure	Extraction Pressure Control

4.2 요구사항 명세(Requirement Specification)

Requirements

- 스타벅스에서 사 먹는 것과 같은 맛있는 커피를 먹고 싶다.
- 세계적인 Barista가 만들어 주는 풍미 있는 커피를 맛보고 싶다.
- 일반 커피 머신에서 만들어 주는 늘 똑 같은 맛이 아닌, 때에 따라 다른 커피 맛을 느끼고 싶다.

Requirement Specifications

- 스타벅스에서 사 먹는 것과 같은 맛있는 커피를 먹고 싶다.
  세계적으로 수준급의 Barista의 커피 recipe를 따라 커피를 만든다.
- 세계적인 Barista가 만들어 주는 풍미 있는 커피를 맛보고 싶다
  세계적인 Barista의 커피 recipe를 다운로드 받아 그대로 커피를 만든다
- 일반 커피 머신에서 만들어 주는 늘 똑 같은 맛이 아닌, 때에 따라 다른 커피 맛을 원한다.
  Arist 클라우드 플랫폼에서 사용자의 취향과 그 날의 날씨와 분위기에 맞는 커피를 추천한다.
- 세계적인 Barista가 만들어 주는 방식(Recipe)를 Simulation하여 아래의 각 부분을 정교하게 Control하여 커피를 만든다.
- 원하는 원산지의 Coffee bean을 선택하고
- Recipe대로 물의 온도를 조정하고
- Recipe대로 Beans의 입자도 굵기를 조정하고
- Recipe대로 에스프레소의 추출강도를 조정하여 Barista가 만들어 주는 양질의 커피를 만든다.

4.3 구조도

아래의 구조도를 통해 각 기능 모듈들, Bean Container Nozzle Control 모듈, Heater Control 모듈, Send Grinder Control Data 모듈, Send Extraction Pressure Control Data 모듈들이 각 기능들을 제어하면서 Do Recipe 모듈과 communication 하는 것을 알 수 있다. 이 구조도로부터 어느 모듈을 프로세스화 하는 것이 좋을지 결정할 수 있다.

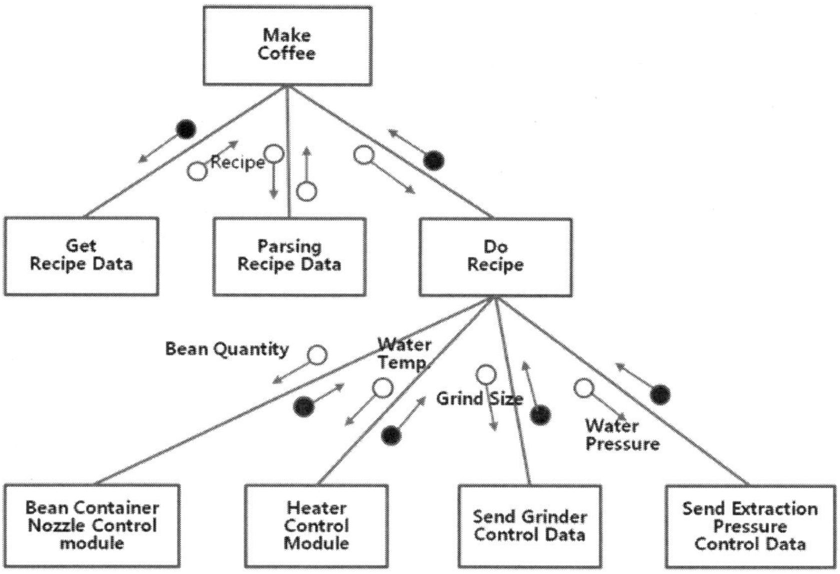

그림 4-1 Arist Coffee Machine의 구조도

4.4 시퀀스 다이어그램(Sequence diagram)

Arist Coffee Machine은 세계적인 Barista의 recipe를 따라 각 모듈을 정교하게 제어하여 풍미 있는 커피를 만드는 IoT 디바이스다. Coffee Machine의 각 모듈을 제어하는 일련의 동작들을 표현하기에 가장 적합한 설계 방식이 시퀀스 다이어그램(Sequence diagram)이므로 여기서는 시퀀스 다이어그램에 대해 알아보고 Arist Coffee Machine의 동작 방법을 시퀀스 다이어그램을 사용하여 상세하게 기술하도록 하겠다.

1) UML 시퀀스 다이어그램

먼저 UML 시퀀스 다이어그램의 구성 요소를 살펴보고 예제를 통해 사용 방식을 자세히 알아 보기로 한다.

② Rlationship

* Message : 객체와 객체가 통신하는 유일한 수단

- Flat Flow of Control : 가장 일반적 메시지

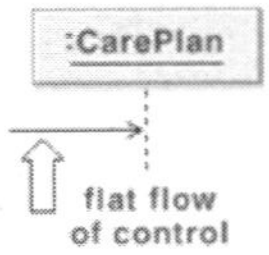

- Nested Flow of Control : 메시지가 중첩 시 메시지가 모두 돌아와야 다음 처리진행

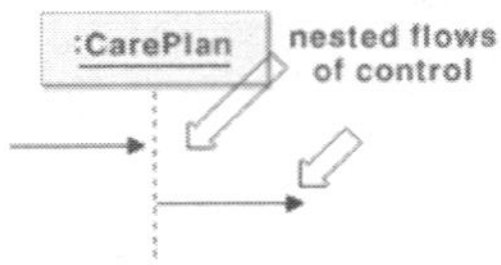

- Asynchronous Flow of control : 메시지의 결과를 기다리지 않고 다음 처리 진행

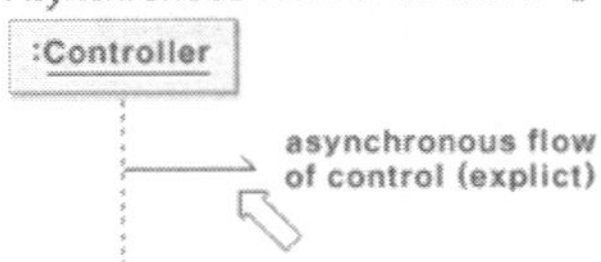

- Return Flow : 메시지를 처리한 결과. 필요한 경우에만 사용.

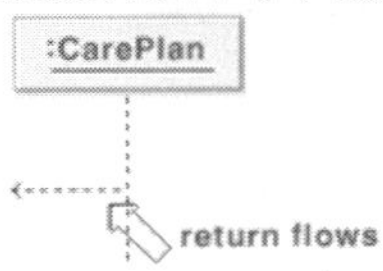

③ etc

* Life Line : 객체의 생존기간. 점선에 X표시가 객체가 소멸하는 시점.

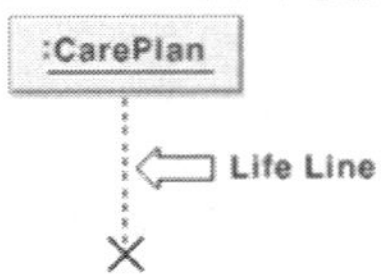

* Activation : 객체가 활성화 되어있는 기간. -점선표기

객체가 외부 메시지를 받고 보낸 메세지를 기다리는 기간.-좁고긴사각형

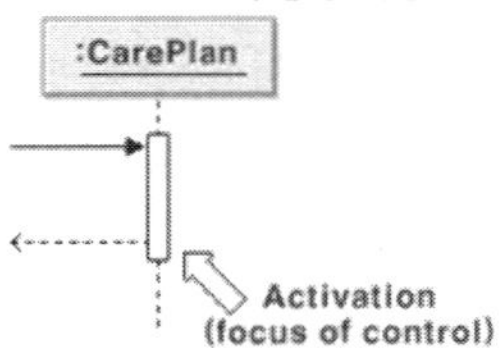

그림 4-2 시퀀스 다이어그램 예 – 진료예약 시스템

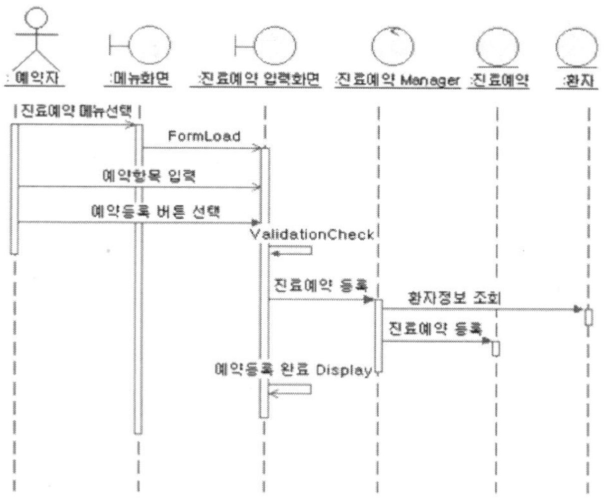

그림 4-2 시퀀스 다이어그램 예 – 진료예약 시스템(계속)

- 메뉴 화면

  가. 예약자가 메뉴화면에서 진료예약 메뉴를 선택하면 FormLoad event가 진료 예약 입력 화면으로 전송된다.
- 진료예약 입력 화면

  나. 예약자가 예약항목을 입력하고,

  다. 예약등록 버튼을 선택하면

  라. 진료예약 입력 화면이 ValidationCheck를 하고

  마. 진료예약 등록을 하면
- 진료예약 매니저

  바. 진료예약 매니저는 환자 정보를 조회하고

  사. 진료 예약을 등록한다.
- 진료예약 입력 화면

  아. 예약등록 완료를 Display한다.

2) Arist Coffee Machine 시퀀스 다이어그램

Arist Coffee Machine의 사용자는 먼저 Arist 스마트폰 앱을 통해 Arist 클라우드 플랫폼에게 Event Download recipe를 보내 Recipe를 download받은 후에 Arist 스마트폰 앱에서 Brew Tab을 누르면 Arist 스마트폰 앱이 Arist Coffee Machine과 통신을 하며 Brewing 작업을 한다.

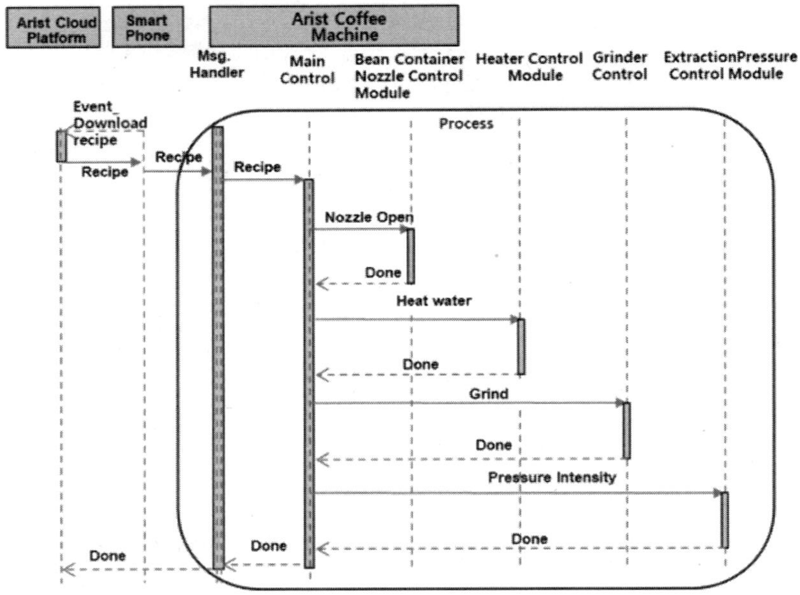

그림 4-3 현재 Arist Coffee Machine의 시퀀스 다이어그램

여기서 Main control function은 Arist 클라우드 플랫폼으로부터 받은 Recipe에 따라 Bean Container Nozzle Control 모듈, Heater Control 모듈, Grinder 모듈, Extraction Pressure Control 모듈 등을 정밀하게 제어한다. 즉 Bean Container Nozzle Control 모듈에 Nozzle Open메시지를 보낼 때 Nozzle open time이 정밀하게 제어되어야 Barista가 만들어 주는 커피 맛을 볼 수 있게 된다. 여기서 Main Control 이하 각 구성 모듈들은 하나의 프로세스로 묶어 함수 호출 방식으로 각 모듈을 정밀하게 제어하는 것이 필요하다. 여기에 Msg. Handler function까지 묶어 Arist Coffee Machine이 하나의 프로세스로 동작하는 단순한 구조를 만들어 보자. 이렇게 할 때 어떤 문제가 발생할지 잠시 생각해 보기로 한다.

- 스마트폰 Arist 앱으로부터 메시지가 왔는지 수시로 check해야 하는 Polling으로 인한 비효율성의 문제가 발생한다. Main Control function이 각 모듈을 수행할 때 Arist 앱으로부터 온 메시지가 있는지 check(polling)하지 않는다면 커피가 Brewing되는 약 1 ~ 2분의 시간동안 사용자는 응답을 받지 못한다. 따라서 각 모듈 수행 중에, 모듈과 모듈 사이에 계속적으로 Polling을 해야 하는 비효율성의 문제가 발생한다.

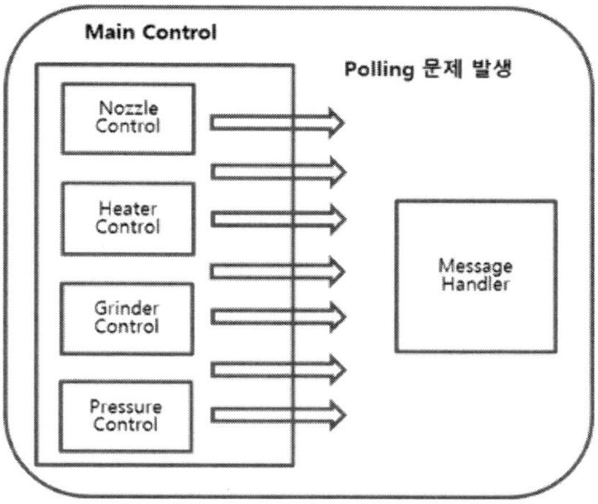

그림 4-4 One 프로세스로 인한 Polling 문제 발생

Arist Coffee Machine을 한 사용자가 사용하게 될 경우는 문제가 되지 않는다. 하지만 비싼 Arist Coffee Machine을 혼자만 사용할 수 있게 하는 것은 너무 비효율적이다. 여러 사람이 사용할 수 있도록 할 수는 없을까? 다음 절에서 그 방법을 알아보기로 한다.

4.5 개선 Idea 1 – 프로세스 재설계

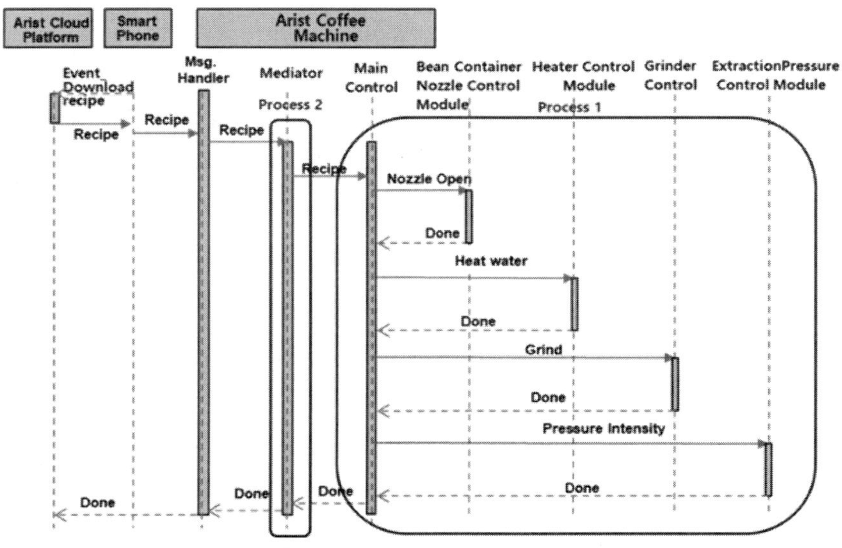

그림 4-5 Polling 문제를 해결하기 위한 Arist Coffee Machine 재 설계

여러 사람이 Arist 앱을 사용하여 하나의 Arist Coffee Machine을 사용할 수 있도록 하기 위해서는 Arist Coffee Machine을 동작하는 Main Control function과 Arist 앱으로부터 오는 메시지를 처리하는 Msg. Handler를 별개의 프로세스로 동작하게 하면 적어도 여러 사람이 각자 자신의 Arist 앱을 사용하여 Arist Coffee Machine에 Brewing을 요청하는 것이 가능하다. 하지만 Arist Coffee Machine이 주어진 시간에 하나의 커피를 Brewing할 수는 있지만, A와 B가 거의 동시에 recipe를 보냈는데 A가 조금 일찍 Brewing요청을 Arist Coffee Machine에 보냈다고 하면, 먼저 보낸 사용자 A의 Recipe는 Brewing작업을 수행하게 되지만 늦게 요청한 사용자 B의 Brewing 요청은 거절되게 된다. 그러면 B는 다시 Brewing요청을 한다고 하더라도 A가 보낸 Recipe의 Brewing이 끝날 때 까지는 계속 거절될 것이다. 이것을 해결할 수 있는 방법은 없을까? 이 문제를 해결하는 방안을 다음 절에서 살펴보기로 한다.

개선 Idea를 보기 전에 스마트폰 앱과 Arist Coffee Machine의 통신방법을 살펴보자.

- Communication with 앱 (IPC)
  - 스마트폰의 Arist 앱과 Arist Coffee Machine은 Socket으로 통신
  - Arist Coffee Machine에 있는 Msg Handler와 Main Control은 PIPE를 사용해 통신함

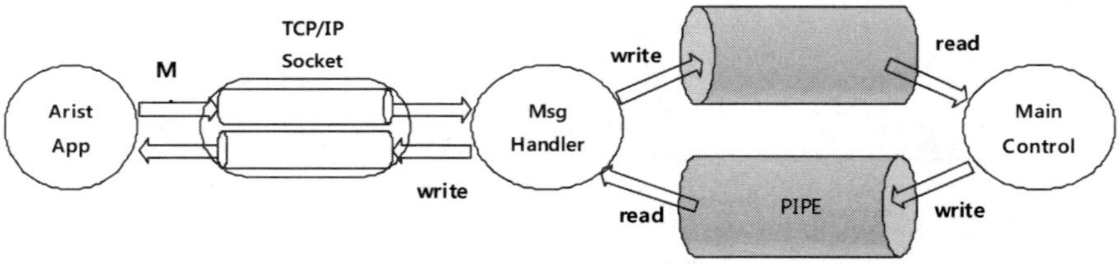

그림 4-6 Arist 앱과 Arist Coffee Machine의 IPC

4.6 개선 Idea 2 - Multiple Use를 위한 Queueing 설계

이제 여러 사람이 효과적으로 공동 사용이 가능하도록 하는 방법을 알아 보자.

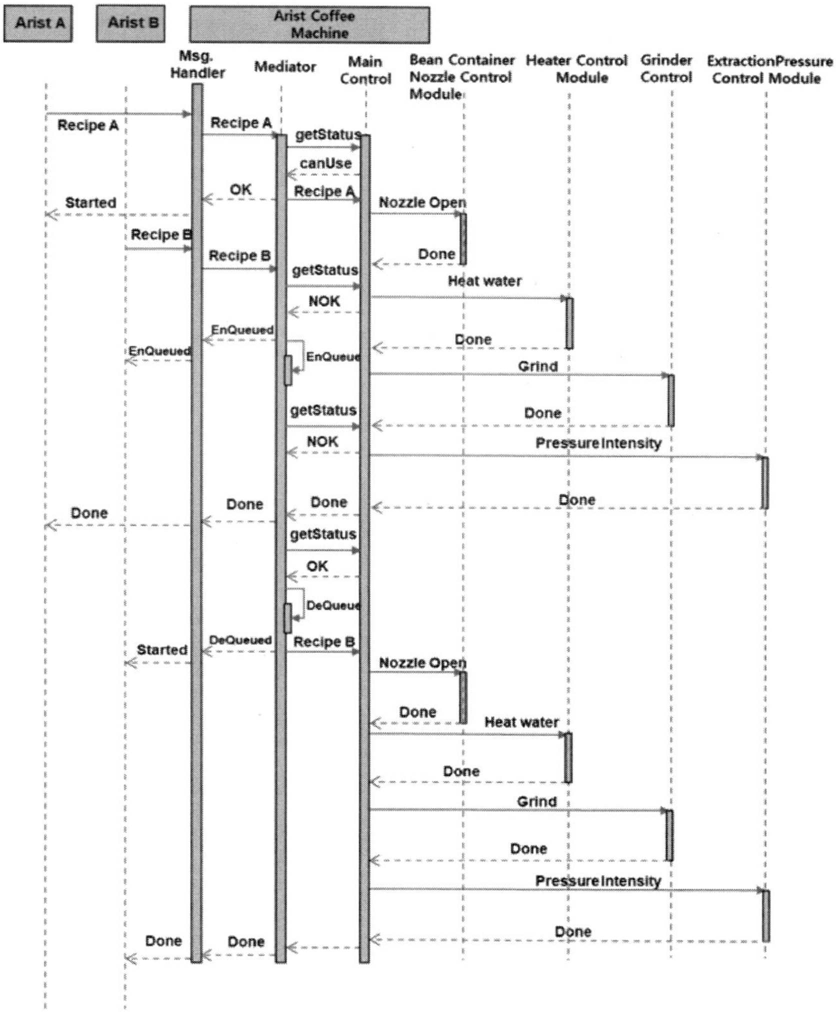

그림 4-7 Queueing지원으로 Multiple use가 가능한 Arist Coffee Machine

두 사람이 거의 동시에 recipe를 Arist Coffee Machine에 보냈다면, 먼저 받은 Recipe에 대해서는 Brewing을 하고 늦게 받은 recipe는 Queue에 저장해 두었다가 Brewing이 끝나면 Queue에서 꺼내 Brewing을 하는 방안이 가장 효율적인 방안이며, 이는 Printer를 여러 사람이 공동으로 사용할 수 있게 하는 Spooling 기능과 거의 동일하다. 이 방식을 지원하기 위해서는 Mediator 프로세스를 두어 여기서 Spooling 기능을 제공하면 된다. Mediator 프로세스에서 Recipe를 Queueing하고 있으면서 Arist Coffee Machine의 상태를 체크하거나, Brewing이 끝났을 때 Main Control function에서 Mediator 프로세스에 Brewing이 끝났음을 알리는 event를 전송하면 된다. 그림 4-7이 Queueing을 지원하는 시퀀스 다이어그램이다.

• Communication with 앱 (IPC)

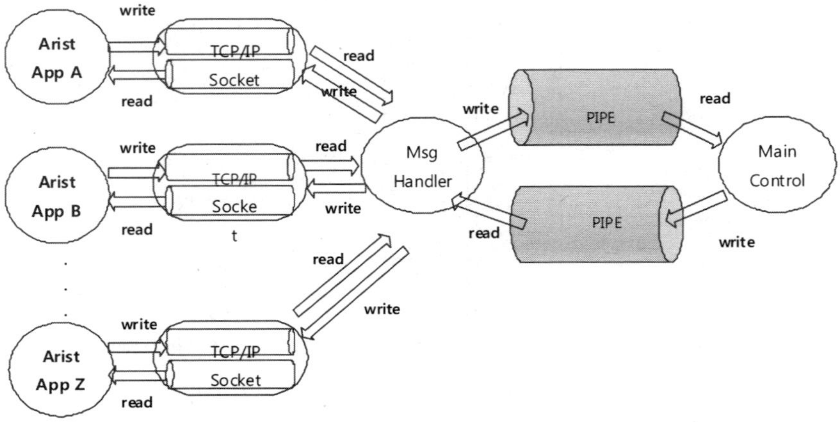

그림 4-8 복수의 Arist 앱과 Arist Coffee Machine의 IPC

5장

스마트 스포츠워치

임베디드 시스템 설계

5.1 스마트 스포츠워치(SSW) 개요

• Value Proposition

– 스마트워치의 기능을 모두 누릴 수 있으면서도 일상생활에 어울리는 클래식한 외형을 갖췄다

• 스마트 Feature

– 평상시엔 일반 시계처럼 보이지만 터치스크린(Touch Screen)기능, OLED 디스플레이 기능이 있어 심박수, 최대 산소섭취량(VO2 Max), 칼로리 소모량, 스트레스 지수 등을 사용자에게 보기 좋게 알려준다.

• 스마트폰 App 연동

– 수면 모니터링, 걸음수, 오른 계단 수, 칼로리 소모량, 심박수, 스트레스 지수 등 건강 데이터를 스마트 워치에서 측정하여 스마트폰에 보기 좋게 표시

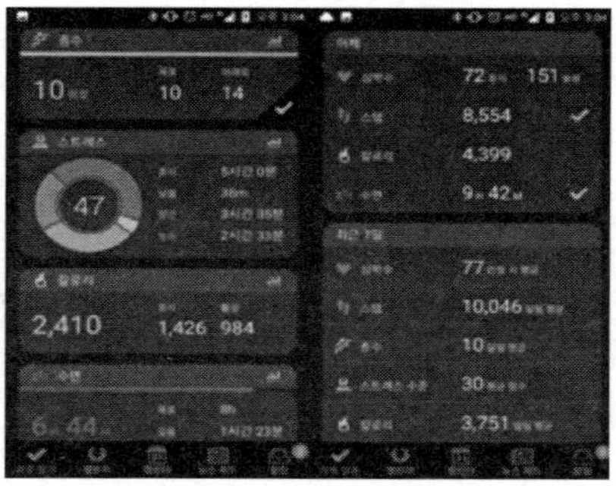

• 디바이스, 서버 & 앱 기능

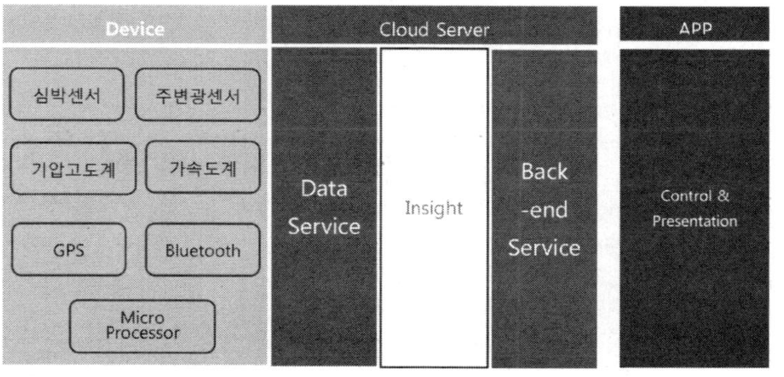

– 스마트폰 앱인 Garmin Connect의 여러 기능 중에 Insight 기능은 Garmin사용자 그룹 중에 해당 사용자의 백분율 순위를 보여주는 기능으로 Garmin Server로부터 전체 사용자의 (하루 걸은)스텝, (오르거나 내려간) 층수, 수면 등의 정보를 받아와 해당 사용자의 순위를 백분율 순위로 표시한다. 그 외에 간헐적으로 수면, 운동량 등에 대한 Insight정보를 주는데 딥러닝에 근거한 Insight 정보가 아니라 수치가 많이 낮을 경우에 관리를 요한다는 정도의 정보만을 제공한다.

• 세부 기능

– 스마트 스포츠워치는 기본적인 운동데이터 측정, 스포츠 활동기록, 운동부하 측정 기능, 운동 자동인식 기능, 수면 및 스트레스 모니터링 기능을 갖고 있다.

• 동작 방식

– 일반 Analog시계처럼 보이면서 위의 세부 기능 정보를 보기 좋게 표시하기 위해서 Widget형태로 보여주며, 비슷한 세부기능들은 한 depth 내려가서 연속해서 보여주는 형태로 동작한다.

스마트 스포츠워치는 일반 아나로그 시계의 외형을 가졌지만 신체 데이터 측정, 운동부하 측정, 운동활동기록, 수면·스트레스 모니터링 기능 등 다양한 기능을 갖고 있고 이들 사이에 여러 관계가 존재하여 이 기능들을 UML 유스케이스 다이어그램(Use Case Diagram)으로 표현하기에 적합한 구조를 갖고 있다. 이 절에서는 스마트 스포츠워치의 기능을 UML 유스케이스 다이어그램으로 표현하기로 한다.

5.2 요구사항 명세(Requirement Specification)

① 기본 활동 데이터 측정 관련 요구사항

번호	기본 활동 데이터 측정 관련 Requirements
1	시스템에서 심박수(Heart rate)를 측정하는 기능을 제공한다.
2	시스템에서 하루동안 걸은 거리를 측정하는 기능을 제공한다.
3	시스템에서 오른, 내린 층수를 측정하는 기능을 제공한다
4	시스템에서 소모한 칼로리를 측정하는 기능을 제공한다
5	시스템에서 집중적으로 운동한 시간을 측정하는 기능을 제공한다.

② 활동 기록 관련 요구 사항

번호	활동기록 관련 Requirements
1	시스템에서 사용자가 수동으로 요청한 걷기, 뛰기, 수영, Weight Training등의 각 활동에 대한 시간, 칼로리, 거리등을 기록하는 제공한다
2	미리 설정한 목표를 달성했는지 체크하고, 알려 주는 기능을 제공한다

③ 운동부하 측정 관련 요구사항

번호	운동부하 측정 관련 Requirements
1	시스템에서 최대산소 흡입량(VO2max)을 측정하는 기능을 제공한다.
2	시스템에서 젖산한계치를 측정하는 기능을 제공한다.
3	시스템에서 운동 중 몸의 상태를 지속적으로 체크하여 신체의 회복이 어느 정도 진행되었는지 측정한다.

④ 운동 자동인식 관련 요구사항

번호	운동 자동인식 관련 Requirements
1	시스템에서 사용자가 걷기, 뛰기, 수영, Weight Training등의 운동을 하게 되면 이를 자동 인식하여 운동 활동을 기록하는 기능을 제공한다.
2	시스템에서 사용자가 테니스, 탁구, 베드민턴 등의 운동을 하게 되면 이를 자동 인식하여 운동 활동을 기록하는 기능을 제공한다.

⑤ 스마트폰 기능 요구 사항

번호	스마트폰 기능 관련 Requirements
1	시스템에서 휴대폰 찾기 기능을 제공한다

⑥ 사용자 요청사항 처리 관련 요구사항

번호	사용자 요청 사항 처리 관련 Requirements
1	사용자가 Touch Screen을 double click하였을 때 시스템은 Real-time으로 반응해야 한다 - OLED Display가 켜져 있지 않을 때, 시스템의 첫 화면이 display되는 기능을 제공한다

⑦ 각종 알림 관련 요구 사항

번호	각종 알림 관련 Requirements
1	시스템에서 사용자가 설정한 알람에 대해 진동과 OLED화면 메시지를 통해 알려준다
2	시스템에서 사용자가 설정한 애플리케이션으로 부터 온 메시지를 알려주는 기능을 제공한다
3	시스템에서 사용자가 수동으로 요청한 활동 기록의 목표가 달성하면 축하메시지로 알려준다.

⑧ 네비게이션 관련 요구 사항

번호	네비게이션 관련 Requirements
1	시스템에서 지도를 보여 주면서 경로 안내(Navigation)하는 기능을 제공한다.

⑨ 기타 모니터링 관련 요구사항

번호	모니터링 관련 Requirements
1	시스템에서 수면 상태를 모니터링하는 기능을 제공한다.
2	시스템에서 Stress지수를 모니터링하는 기능을 제공한다.

⑩ 개인화 서비스(Personalized Service) 관련 요구 사항

번호	개인화 서비스(Personalized 서비스) 기능 관련 Requirements
1	시스템에서 나만의 워치 Face를 제작하는 기능을 제공한다. 풍경 사진, 가족 사진
2	시스템에서 맞춤형 일일 목표 시간을 정하고 달성했는지 기록하는 기능을 제공한다.

5.3 유스케이스 다이어그램(Use Case Diagram)

1) UML 유스케이스 다이어그램

스마트 스포츠워치를 유스케이스 다이어그램으로 표현하기 전에 먼저 유스케이스 다이어그램의 표기법을 알아보자. 아래 표기법만 살펴 봐도 쉽게 이해할 수 있을 것이다.

Actor는 사용자나 타 시스템을 표현하는데 사용되며 아래 그림의 사람 모양이다.

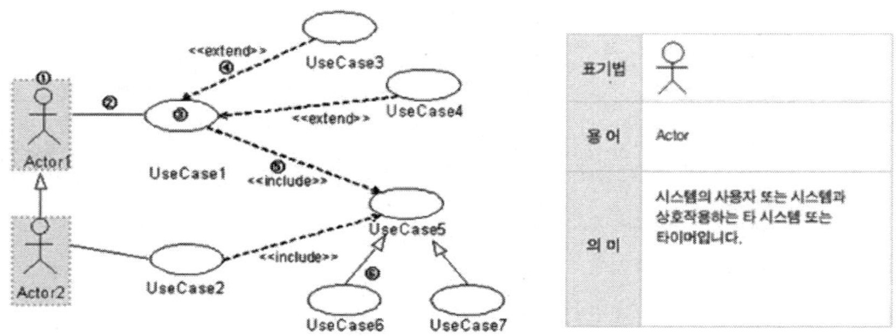

그림 5-1 유스케이스 다이어그램의 행위자(Actor)

유스케이스는 시스템의 기능을 나타내는데 사용하며 타원형으로 표시한다.

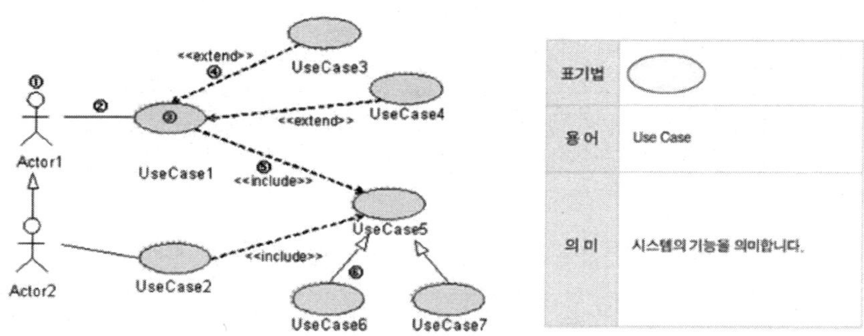

그림 5-2 유스케이스 다이어그램의 유스케이스

확장(extend) 관계는 하나의 유스케이스가 두개의 유스케이스로 확장될 수 있음을 표현하는데 사용된다.

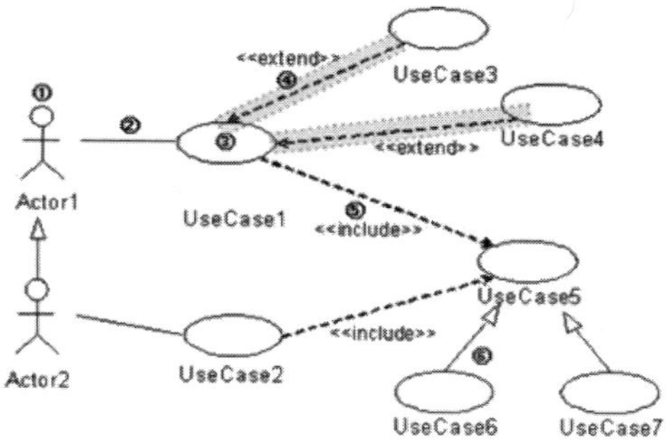

표기법	··········> <<extend>>
용 어	extend 관계
의 미	조건에 따라 해당 기능이 수행될 수도 있음을 의미합니다. 위의 다이어그램에서 Use Case 1의 기능은 Use Case 3과 Use Case 4의 기능 수행으로 확장될 수도 있음을 뜻합니다.

그림 5-3 유스케이스 다이어그램의 확장(extend) 관계

일반화(Generalization)관계는 행위자(Actor)와 행위자 사이 혹은 유스케이스와 유스케이스 사이에 사용되며 상속의 의미를 갖는다.

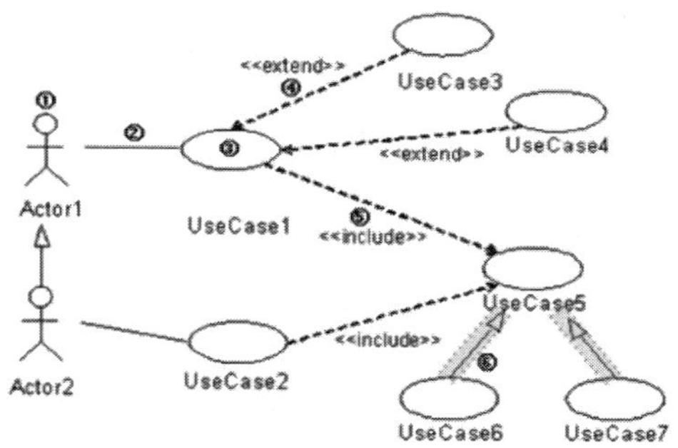

표기법	——▷
용 어	Generalization 관계
의 미	Actor와 Actor사이 혹은 Use Case와 Use Case 사이에 사용되며 상속의 의미를 갖습니다.

그림 5-4 유스케이스 다이어그램의 일반화(Generalization)관계

2) 스마트 스포츠워치 유스케이스 다이어그램

스마트 스포츠워치는 운동 데이터 측정 기능, 사용자 요청 사항 처리, 활동 기록 기능, 운동부하 측정 기능, 운동 자동인식 기능, Monitoring기능, 스마트폰 기능을 갖고 있다.

각 기능은 하나의 Use Case로 표현되며 각 기능들 사이에 아래의 Relationship이 존재한다.

- 활동 기록 기능, 운동 부하측정 기능과 운동 자동인식 기능은 기본적인 운동 데이터 측정 기능을 포함하므로 이들 사이에는 Include관계가 존재한다.
- 수면 모니터링 기능과 스트레스 모니터링 기능은 모니터링 기능을 상속받으므로 이들은 일반화(Generalization) 관계로 표현한다.

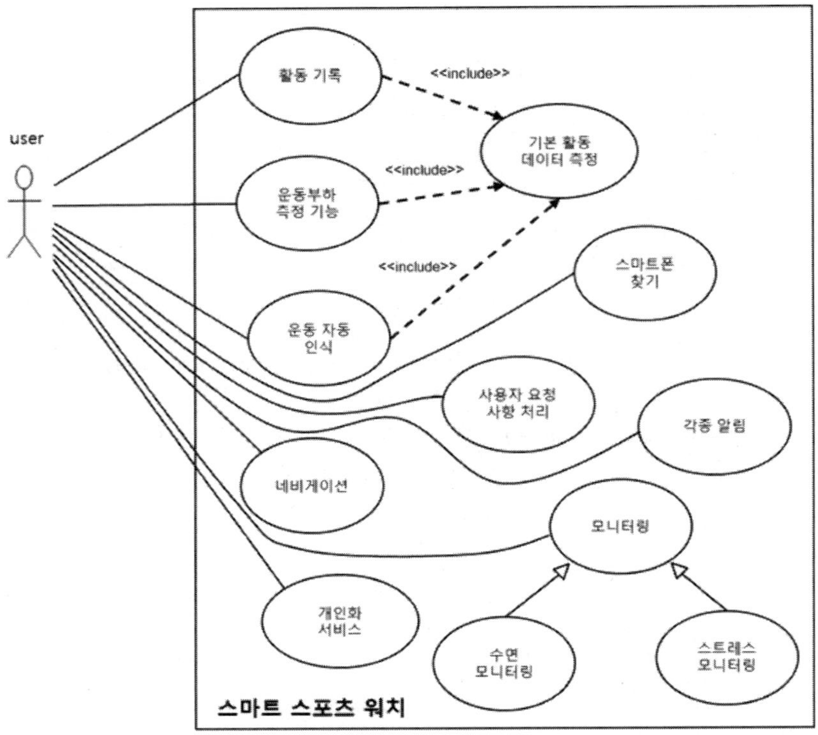

그림 5-5 스마트 스포츠워치의 유스케이스 다이어그램

① 기본 활동 데이터 측정 기능

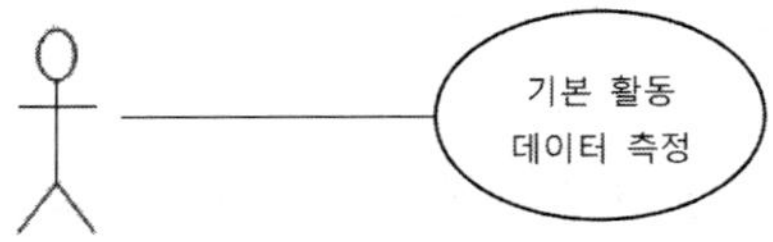

그림 5-6 기본 활동 데이터 측정 Use Case Diagram

- Step-By-Step Description
  - 사용자는 스마트 스포츠워치(SSW)를 손목에 찬다.
  - 사용자가 걸어갈 때
    A. SSW의 가속도 센서(accelerometer)가 사용자의 움직임을 인식하고 걸음 수를 기록한다.
    B. SSW의 기압고도계(barometric altimeter)는 고도차를 감지하여 올라가거나 내려간 층수(계단수)를 기록한다. 이때 가속도 센서가 함께 사용된다. 엘리베이터를 탄게 아니고 사람의 걷는 동작인지를 판별하는데 사용된다.
    C. SSW의 주변광 센서(Ambient Light sensor)는 심박수를 측정하여 기록한다.
    D. SSW의 기본 활동 데이터 측정 모듈이 각 센서를 Polling하여 걸음 수,

이동 층수, 심박수, 칼로리 소모량을 계산하여 SSW의 메모리에 저장하고 스마트폰 앱에 실시간 전송한다.

5.4 데이터 흐름도

스마트 스포츠워치(SSW) 설계에 있어서 데이터 흐름도(Data Flow Diagram)를 작성하는 이유는 보통의 일반 시계와 크기나 모양은 비슷하지만 SSW에는 상당히 많은 기능들이 존재하여 각 기능 간 데이터 흐름이나 제어 흐름을 파악하는 것이 중요하기 때문이다.

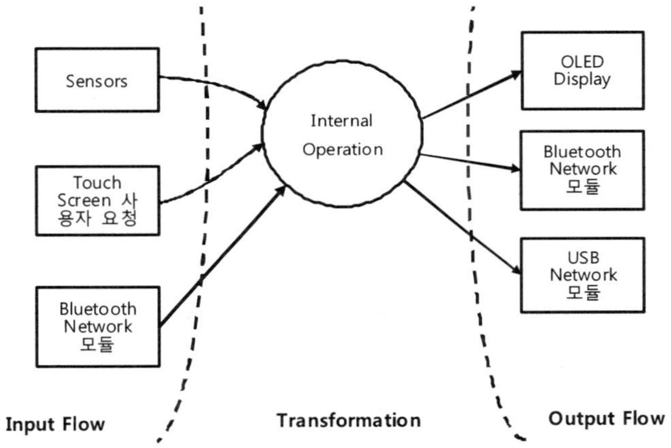

그림 5-7 SSW의 상위 레벨 데이터 흐름도

이 장에서 SSW의 상세 데이터 흐름도는 생략한다.

데이터 흐름도를 작성하고 나서 다음에 해야 할 일은, 구조도(Structure Chart)를 만드는 것이다. 구조도의 각 기능 모듈들 중 같이 묶여 동작해야 하는 기능 모듈들은 하나의 프로세스로 만들고, 이들 프로세스들 간에 우선 순위를 정하게 되면, 이제 실제로 임베디드 시스템에서 잘 동작하는 SSW의 설계도가 거의 완성이 된 것이다.

5.5 스마트 스포츠워치 모듈의 프로세스화

이제 SSW의 전체 기능 모듈들을 어떻게 group화하여 프로세스를 만드는지 그 과정을 살펴 보자.

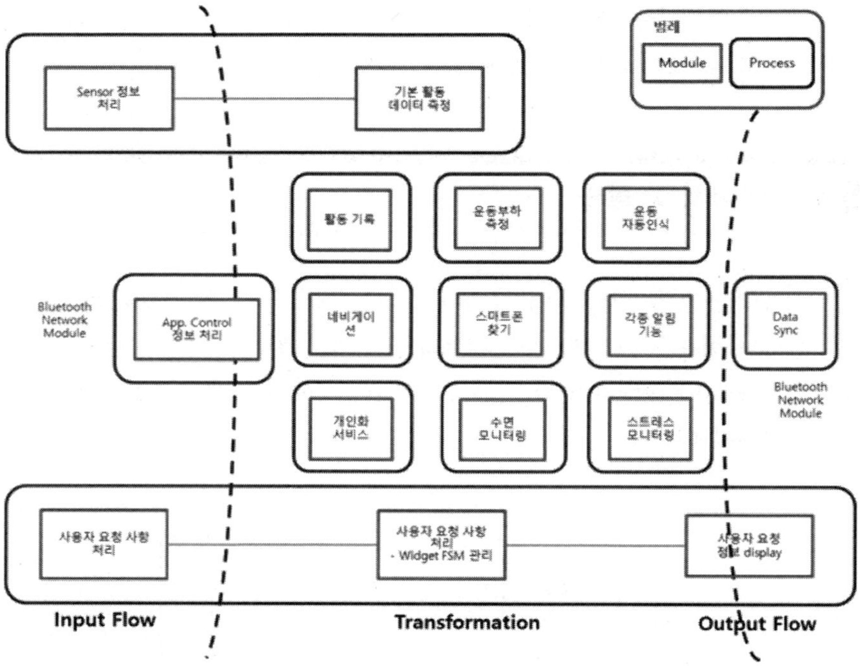

그림 5-8 스마트 스포츠워치 소프트웨어 모듈들의 프로세스 매핑

SSW의 동작 방식을 크게 보면, SSW의 사용자나 센서, 스마트폰 앱으로부터 입력을 받아서 내부에서 이에 대한 처리를 하고 이를 다시 사용자나 스마트폰 앱으로 출력을 내 보낸다.

먼저 입력 관련 모듈들을 살펴보면, 여기에는 3개의 입력 유형이 있다

- 센서들로부터 오는 센싱 정보
- 스마트폰 앱으로부터 오는 각종 컨피규레이션 정보
- SSW의 터치스크린에서 들어오는 사용자 입력 정보

SSW에 있어 가장 우선적으로 처리해야 할 일은 Touch Screen입력으로 들어오는 사용자의 요청이다. SSW는 사용자의 요청을 받는 즉시 이를 처리 하고 그 결과를 SSW의 화면(OLED display)을 통해 사용자에게 보내야 한다. 이 일련의 기능들이 가장 우선 순위가 높게 처리가 되어야 하는 기능 모듈들이다.

각 Sensor의 센싱정보들은 각 sensor가 저장하고 있다가 sensor정보 처리 모듈이 CPU를 할당 받을 때 일련의 처리를 하면 된다. Input관련 모듈 중에는 두 번째로 우선순위가 높은 모듈이다. 세 번째는 스마트폰 앱에서 오는 각종 Configuration 및 제어 정보들이다. 이 정보들은 real-time성격의 일이 아니므로 가장 낮은 우선 순위로 동작하게 한다.

사용자 요청 사항 처리 Input모듈에 이어서 수행되는 모듈들은 Internal Operation을 담당하는 기능 모듈들인데 리스트는 아래와 같다.

- 기본 활동 데이터 측정
- 활동 기록
- 운동 부하 측정
- 운동 자동 인식
- Tracking
- 스마트폰 찾기
- 각종 알림
- Personalized 서비스
- 수면 모니터링
- 스트레스 모니터링

기본활동 데이터 측정, 운동 자동 인식, 각종 알림을 제외한 나머지 기능들은 SSW FSM관리 모듈에 의해 호출된다. 즉 기본활동 데이터 측정, 운동 자동 인식, 각종 알림 모듈은 Background 프로세스로 동작하고 있다가 진동과 화면상의 메시지로 사용자에게 알려주거나 계산이 필요한 일들을 하는 것이다.

이제 SSW FSM모듈이 Internal Operation을 어떻게 수행하는지 살펴보기로 한다.

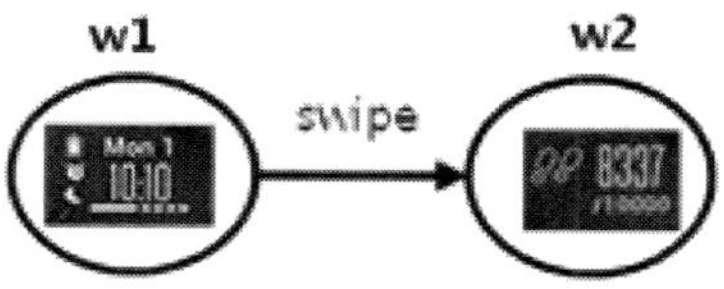

그림 5-9 w1-w2 상태 전이도

SSW의 첫 화면은 w1(widget 1)이고 w1에서 swipe(화면을 왼쪽이나 오른쪽으로 미는 동작, 여기서는 화면 오른편에서 왼쪽으로 미는 동작을 기준으로 설명)하면 w2의 총 걸음 수/목표 걸음 수가 나오게 된다. 위의 w1이 display된 첫 화면에서 w2가 그려진 두 번째 화면으로 State의 전이가 일어나는 것을 표현해 주는 Finite State Machine을 2차원 표 형식으로 아래에 그려 놓았다.

		W1	현재 State
Input	Swipe	W2	다음 State

간략한 Finite State Machine

이 표가 의미하는 것은 W1 state(첫 줄의 2번 컬럼)에서 input으로 swipe 액션(2

열의 컬럼 1)이 들어 오면 W2 function을 수행하라는 뜻이다.

W2 function이 하는 일은 아래와 같다.

- 기본 활동 데이터 측정 모듈을 호출해 현재까지의 걸음 수와 목표 걸음 수 값을 가져 온다.
- Widget 2의 이미지를 표시한다.
- W2 상태로 전이한다.

이와 같이 SSW FSM 모듈이 Internal Operation을 수행하는 각 모듈들을 호출해서 사용하는 방식으로 SSW의 소프트웨어가 동작하게 된다.

5.6 스마트 스포츠워치 스케쥴링

이제 스마트 스포츠워치(SSW)의 스케쥴링 알고리즘을 정하고 각 프로세스의 우선 순위를 정하는 방식을 알아보자. SSW의 소프트웨어가 임베디드 운영체제에서 의도한 대로 원활하게 수행되도록 하기 위해 고려해야 할 점은 각 프로세스가 starvation 되지 않고 적시에 CPU 시간 단위(time quantum)를 할당 받아 수행되도록 해야 하는 것이다. 이와 같은 원칙이 지켜 지도록 스케쥴링 방식을 정하고, 각 프로세스에 알맞는 우선 순위를 정해야 한다.

대분류	중분류	Task	Description	Priority	Task 성격분류
Input	Sensor	Sensor정보 처리	Sensor로부터 Sensing정보를 모은다.	Low	Background
	Bluetooth Network	앱. Control 정보 처리	사용자가 앱.에서 변경한 제어정보를 SSW에 적용한다.	Low	Background
	사용자 Input	사용자 요청 사항 처리	Touch Screen을 통한 사용자의 요청을 처리한다.	High	Interrupt
Internal Operation	Internal Operation	기본 활동 데이터 측정	sensing정보를 계산처리하여 기본활동 데이터를 기록 한다.	Normal	Foreground
		활동 기록	기본 활동 데이터를 종합(처리)하여 운동 활동을 기록한다.	Low	Background

대분류	중분류	Task	Description	Priority	Task 성격분류
Internal Operation	Internal Operation	운동 부하 측정	운동 데이터로부터 VO2 max, 젖산한계치를 계산 한다.	Low	Background
		운동 자동 인식	사용자가 운동하는 것을 감지하고 추론하여 운동의 종류와 활동 내역을 기록 한다.	Low	Background
		네비게이션	지도를 보여 주면서 경로 안내하는 기능	Normal	Foreground
		스마트폰 찾기	스마트폰을 멀리서 찾을 수 있게 경보성 소리를 내게 하는 기능	Normal	Foreground
		각종 알림	알람, 메일 수신 등을 알려주는 기능	Normal	Background
		Personalized 서비스	시계 화면, 맞춤 정보 설정 기능	Low	Background
		수면 모니터링	수면 모니터링	Low	Background
		스트레스 모니터링	스트레스 모니터링	Normal	Foreground
Output	OLED Display	사용자가 요청한 정보를 Display	Foreground Task를 수행하고 그 결과를 OLED화면에 display함	Normal	Foreground
	Bluetooth Network	Data Sync	스마트폰 앱이 켜져 있을 때 동기화 시킨다.	Low	Background

스케쥴링 방식을 정하는데 있어서 가장 염두에 두어야 할 것은 사용자의 직접적인 요구 사항 처리를 최우선으로 해야 한다는 것이다. IoT 디바이스(SSW) 사용자의 요청을 최우선으로 처리하되 여러 기능들이 다 잘 작동하도록 균형을 맞추는 것이 중요하다. 현재의 위젯(특정 State)에서 사용자의 터치가 이루어지면 인터럽트 서비스 루틴(ISR; Interrupt Service Routine)이 해당 위젯 function을 수행한다. 이렇게 ISR에 의해 수행되는 function은 사용자 요청에 의해 즉시 수행되기에 Foreground Task라고 한다. 이렇게 사용자에 의해 수행되는 function은 priority가 높다. 반면에 기본 활동 데이터 측정, 운동 자동 인식, 수면 모니터링, 스마트폰 앱과의 Data Sync 등은 Background로 동작하며 priority가 낮다. 하지만 각종 알림 기능은 Background Task로 동작하기는 하지만 알려야 할 내용이 있으면 적시에 사용자가 듣고 볼 수 있는 형태로 알려 줘야 하기 때문에 priority가 높아야 한다. 즉 Foreground Task와 동일한 priority인 Normal로 동작해야 적시성(Timeliness)을 만족할 수 있게 된다.

그래서 Priority별로 Queue를 별도로 가지며 수행되는 Multilevel Queue를 사용하며 Normal Priority Task가 있을 때에는 이 Queue에만 Time Quantum을 할애하고 check해서 없으면 Low priority Queue의 각 task에 짧은 Time Quantum을 주어 수행하게 하므로써 Starvation이 발생하지 않고 전체적으로 프로세스들이 잘 수행될 수 있도록 한다.

프로세스 스케쥴링은 아래와 같이 이루어진다.

세로 막대기는 해당 event가 발생한 시간이다. Data Sync event, Widget Configuration event, Touch Screen input에 이어, 스마트폰 찾기 위젯이 눌려 졌을 때 아래 그림과 같이 스케쥴링이 된다.

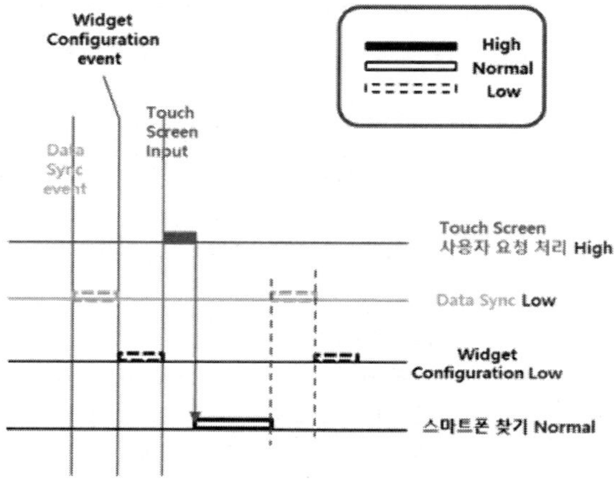

그림 5-10 프로세스 스케쥴링 예시

- Data Sync event 처리: 다른 Task가 없어 스마트폰으로 Data Sync를 하다가 time quantum(2)이 지나서 preemption됨 Widget Configuration event에 의해 time quantum 동안 수행되고 cpu를 반납함.
- Widget Configuration event 처리: Widget Configuration을 수행하다가 Touch Screen Input으로 인해 Interrupt 발생
  swipe하다가 smartphone 찾기 widget을 push하면 스마트폰 찾기 task가 수행되며 Widget Configuration task는 priority가 낮아 time quantum(2) 동안 수행 못하고 강제 preemption 됨
- 스마트폰 찾기 실행 , time quantum = 4

사용자가 터치스크린을 터치하게 되면 이를 Interrupt로 인식하여 Interrupt을 처리하는 작업을 가장 높은 우선 순위로 두어 스케쥴링을 하는 방식이 이 SSW에 적합하다. 이것을 그림으로 나타내면 아래와 같다.

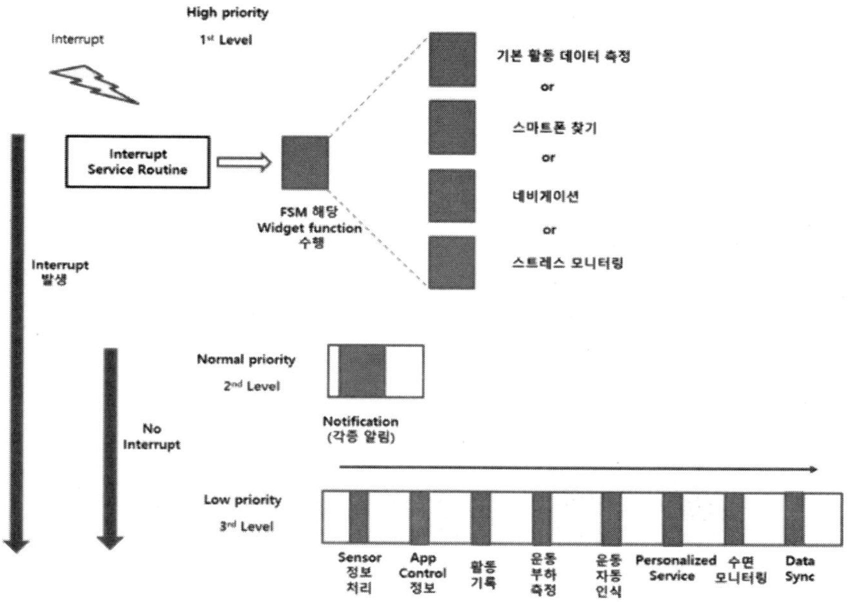

그림 5-11 프로세스 스케쥴링

사용자가 터치스크린에서 어떤 터치 액션(Tab, Long Tab, Swipe, Double Tab)이나 손목을 시계 방향으로 회전(Wrist Twist)하는 동작을 하면 인터럽트가 걸리게 되고 인터럽트 처리 루틴(ISR; Interrupt Service Routine)이 호출되어 현재의 위젯 상태와 액션에 따라 FSM내 해당 Widget function(High Priority를 가짐)을 수행하고, 그 다음으로 Notification(각종 알림 기능)을 수행하고 나서 3번째 Level에 있는 Low priority 테스크들을 수행하면 된다. Interrupt가 없는 상황은 사용자 요청이 없는 상황을 의미하며 이 때는 2번째 Level과 3번째 Level에 있는 작업들을 반복적으로 수행하면 된다.

5.7 Widget Finite State Machine(FSM) 설계

SSW의 첫 화면은 analog 시계 모양으로 widget이 존재하지 않는다. 여기서 OLED display를 통해 W1(widget 1)을 보여지게 하려면 손목을 시계방향으로 돌리거나(Wrist_Twist) SSW화면 Touch Screen을 두 번 두드리면 된다. W1(widget 1)에서 swipe(화면을 왼쪽이나 오른쪽으로 미는 것, 여기선 화면 오른편에서 왼쪽으로 미는 기준으로 설명)하면 w2의 총 걸음수/목표 걸음수가 나오고 여기서 다시 swipe하면 일주일 동안 총 52분 운동한 기록이 표시된다. 이와 같이 SSW의 화면 상에 보이는

widget이 SSW의 State를 나타내고 swipe나 Long Tap, Tap, double Tap이 사용자의 Input이 된다. 전체 상태 전이도는 아래 그림과 같다.

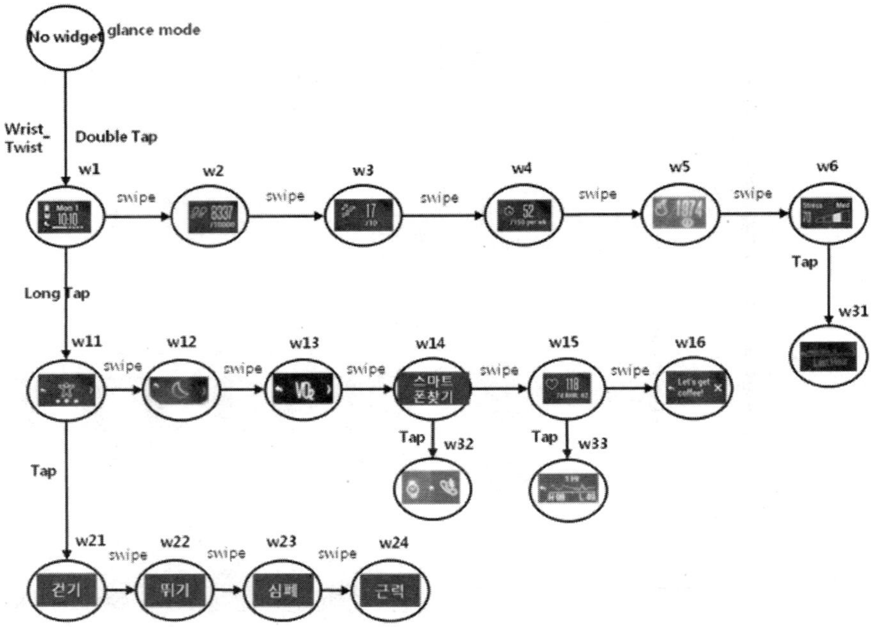

그림 5-12　SSW의 상태 전이도

위 그림에 있는 상태 전이도를 Finite State Machine으로 표현하면 다음 표와 같다.

Widget / Input	W1	W2	W3	W4	W5	W6
Swipe	W2	W3	W4	W5	W6	W1
Long Tap	W11	No Op	No Op	No Op	No Op	No Op
Tap	No Op	No Op	No Op	No Op	No Op	W31
Widget / Input	W11	W12	W13	W14	W15	W16
Swipe	W12	W13	W14	W15	W16	W11
Tap	W21	No Op	No Op	W32	W33	No Op
Widget / Input	W21	W22	W23	W24	No Op	No Op
Swipe	W22	W23	W24	W21	No Op	No Op
Long Tap	W41	W41	W41	W41	No Op	No Op

SSW의 전체 Finite State Machine

5.8 위젯 커스터마이제이션 (Widget Customization)

SSW에서 보이는 위젯들을 변경하는 기능은 스마트폰 앱에서 제공하는 것이 편리하다. 이 때 SSW에서 보여지는 위젯들을 바꾸거나, 요약 위젯의 모양을 바꾸는 것도 사용자에게 다양성을 제공하는 좋은 방법이 될 것이다. 홈 위젯도 아래와 같이 선택할 수 있게 해 준다.

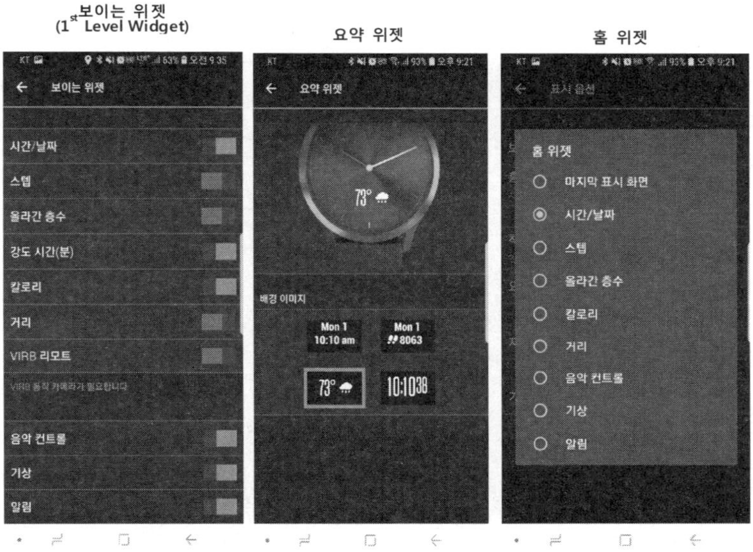

그림 5-13 보이는 위젯, 요약 위젯, 홈 위젯

이 때 보이는 위젯들을 변경하는 방법은 간단히 Use Flag를 두어 사용하지 않는 위젯에 대해 No Use값으로 setting하여 FSM을 구동하는 루틴에서 No Use값으로 설정된 위젯이 불리워지면 건너뛰기만 하면 된다. 이것을 Doubly Linked List로 구현할 수도 있지만 그리 많지 않은 state를 관리하기 위해 DLL을 사용하는 것보다는 Array 구조를 사용하는 것이 효율적일 것이다.

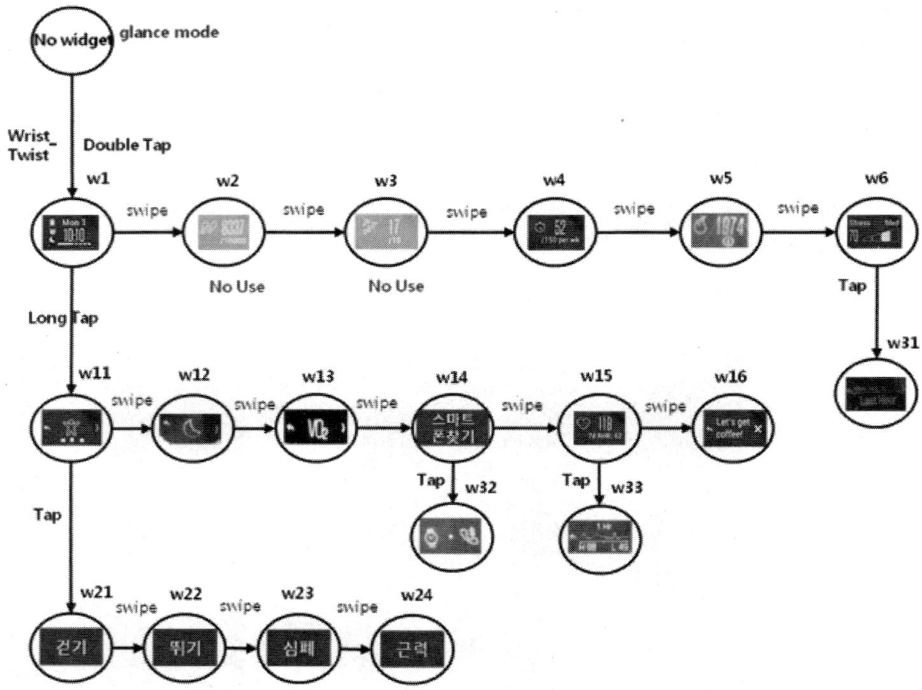

그림 5-14 SSW의 상태 전이도 변경 방법

위젯 커스터미제이션(Widget Customization)은 다음과 같이 Use Flag열을 추가하여 해결할 수 있다.

Widget / Input	W1	W2	W3	W4	W5	W6
Use Flag	O	X	X	O	O	O
Swipe	W2	W3	W4	W5	W6	W1
Long Tap	W11	No op	No op	No op	No op	No op
Tap	No op	No op	No op	No op	No op	W31
Widget / Input	W11	W12	W13	W14	W15	W16
Use Flag	O	O	O	O	O	O
Swipe	W12	W13	W14	W15	W16	W11
Tap	W21	No op	No op	W32	W33	No op
Widget / Input	W21	W22	W23	W24	–	–
Use Flag	O	O	O	O	-	-
Swipe	W22	W23	W24	W21	-	-
Long Tap	W41	W41	W41	W41	-	-

특정 Widget을 Skip하는 유한 상태 기계

5.9 컴패니온 디바이스 연동

SSW의 효용을 높이기 위해 아래 예시와 같이 컴패니온 디바이스 연동을 고려해 보면 좋다. 이런 컴패니온 디바이스(Companion device)들은 기본적으로 호스트 디바이스와 페어링을 해야 된다. 페어링 방식은 호스트 디바이스와 컴패니온 디바이스가 사용하는 무선 프로토콜에 따라 결정되며 블루투스 페어링과 와이파이 다이렉트 페어링이 있다.

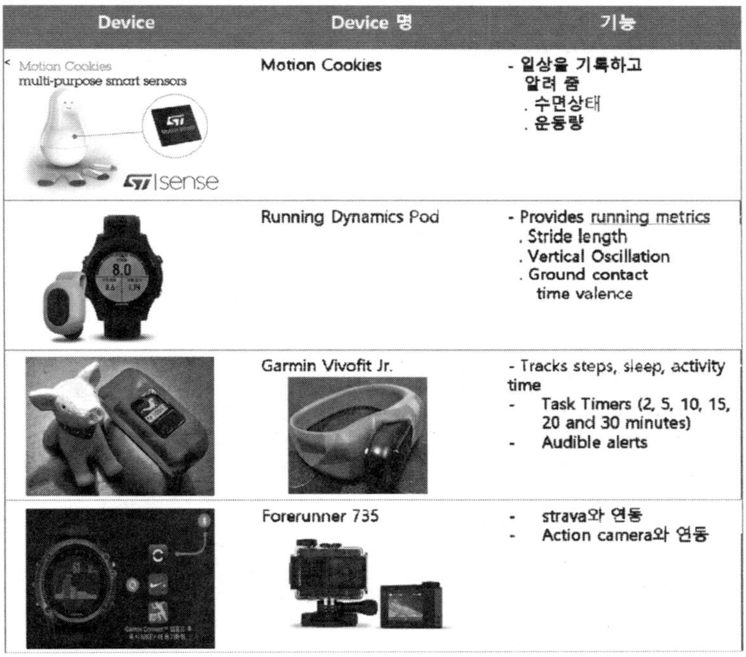

Device	Device 명	기능
Motion Cookies multi-purpose smart sensors ST sense	Motion Cookies	- 일상을 기록하고 알려 줌 . 수면상태 . 운동량
	Running Dynamics Pod	- Provides running metrics . Stride length . Vertical Oscillation . Ground contact time valence
	Garmin Vivofit Jr.	- Tracks steps, sleep, activity time - Task Timers (2, 5, 10, 15, 20 and 30 minutes) - Audible alerts
	Forerunner 735	- strava와 연동 - Action camera와 연동

그림 5-15 호스트 디바이스와 컴패니온 디바이스 예

•스마트 스포츠워치와 컴패니온 디바이스연동

컴패니온 디바이스는 페어링 과정을 마친 후에 센싱하고 프로세싱한 데이터를 호스트 디바이스에게 전송하고 필요에 따라 호스트 디바이스의 제어를 받게 된다.

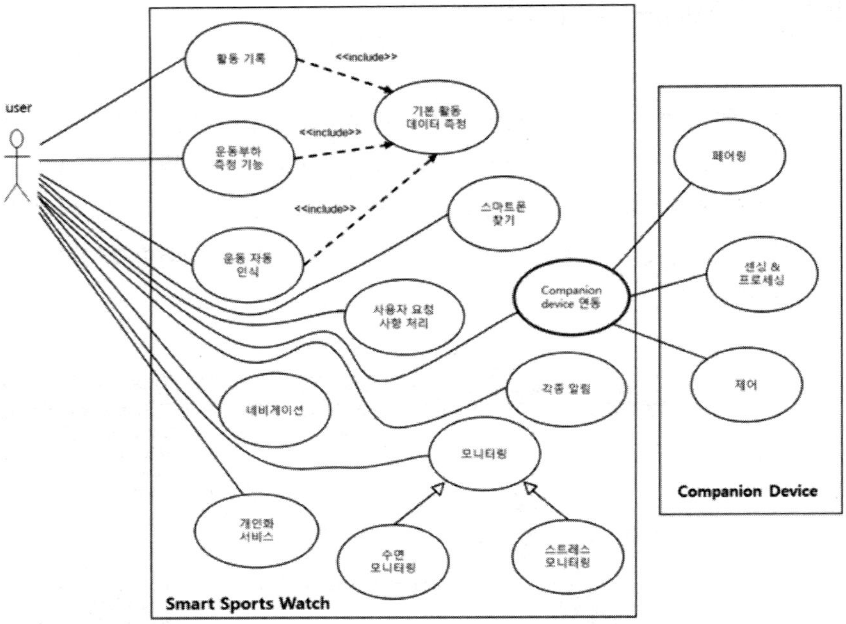

그림 5-16 스마트 스포츠워치의 유스케이스 다이어그램

```
/* Touch Screen Action */
#define NO_ACTION          0
#define SWIPE                      1
#define LONG_TAP           2
#define TAP                        3
#define DOUBLE_TAP                 4
/* Touch Screen Field in FSM */
#define FIELD_USE_FLAG             0
#define FIELD_SWIPE                1
#define FIELD_LONG_TAP     2
#define FIELD_TAP          3
/* Widget Identification */
#define W1                         1
#define W2                         2
#define W3                         3
#define W4                         4
  ...
#define W11                        11
#define W12                        12
  ...
#define W24                        24
  ...
#define W41                        41
/* USE Flag */
#define USE                        1
```

```
#define NOT_USE          0

static int iCurrent_Widget_State;

/* Initialize Finite State Machine */
int iFSM[50][4] = {
    {USE, W2, W11, NO_ACTION},
    {NOT_USE, W3, NO_ACTION, NO_ACTION};
                ...
};


void vWidgetConfiguration()
{
        iHomeWidget = SelectedWidget;
}

void vWidget_func( int iWidget )
{
        displayWidget( iWidget );
        iCurrent_Widget_State = iWidget;
}



main
{
        vWidgetConfiguration();
            /* Configure widget As user set up in Connect App */

        while( TRUE ) /* Wait until Lock is released */
        {
            if( (iReadMotion() == Wrist_Twist) ||
             (iReadTouchScreenAction() == DOUBLE_TAP) )
                        break;
        }

        iCurrent_Widget_State = iHomeWidget;
                    /* set Current Widget to Home Widget */

        while( TRUE )
        {
            processTouchScreenAction();
              /* read Touch Screen action, move to next widget state according to
                Touch Screen Action and display corresponding Widget image */
        }
}

void vProcessTouchScreenAction()
{
        int iTScreenAction = iReadTouchScreenAction();

        if( ( iFSM[iCurrent_Widget_State][iTScreenAction] ) != NO_ACTION)
            vWidget_func( iFSM[iCurrent_Widget_State][iTScreenAction] );
}
```

6장

표준 IoT 통신 프로토콜

들어가기

표준 IoT 통신 프로토콜이 갖는 의미

Gartner의 IoT 시장 예측 자료에 의하면 2020년에 IoT 디바이스의 수가 약 200억 개에 이른다고 한다. 이들 IoT 디바이스들은 상호 연결됨으로써 우리 삶의 각 영역에서 스마트하고 유용한 서비스를 제공할 수 있게 될 것이다. 스마트홈, 스마트카, 스마트리테일, 스마트오피스, 스마트팩토리, 스마트헬쓰케어 등 많은 영역(domain), 더 나아가 각 영역의 IoT 디바이스들과 서비스들이 상호 연결됨으로써 우리 삶을 더욱 풍요롭게 하는 융합 서비스가 지원될 것으로 예측된다. 이 융합 서비스를 가능하게 해 주는 연결고리가 바로 표준 IoT 통신 프로토콜이다. 예를 들면 한 여름 퇴근길에 스마트카를 타고 가다 집에 도착하기 10 ~ 20분 전에 집에 있는 에어컨을 켜는 서비스는 스마트카와 스마트홈이 연동되는 융합 서비스라고 할 수 있다. 이 장에서는 표준 IoT 통신 프로토콜인 OCF 프로토콜을 통해 이런 융합 서비스가 어떻게 구현되는지 자세히 살펴볼 것이다. 이 장의 내용은 통신 프로토콜에 생소한 일반 독자에게는 다소 어려운 내용이 될 수도 있겠지만, 그런 독자들도 따라오기 쉽게 개념적인 내용을 먼저 설명한 후, 이를 어떻게 OCF 프로토콜로 구현하는지 설명하도록 하겠다. 전 세계의 수많은 IoT 디바이스 간의 상호 연결을 위해 꼭 필요한 절차를 담고 있는 내용이므로 잘 이해하며 따라와 주기 바란다.

<들어가기 페이지>에서 언급한 바와 같이, 2020년이면 200억 개에 이르는 IoT 디바이스를 상호 연결하기 위해 사용되는 것이 바로 OCF(Open Connectivity Foundation)에서 만든 표준 IoT 프로토콜이다. 이 OCF 프로토콜은 다소 복잡한 구조를 포함하고 있어서 프로토콜 사양(Specification)을 한 번 보고 단번에 그 내용을 완벽하게 파악하기는 쉽지 않다. 그래서 이 장에서는 우선 OCF 구조를 자세히 살펴보는 것으로 시작해서 일반적인 클라우드 환경에서 OCF 프로토콜을 사용해 IoT 디바이스를 제어하는 방법을 살펴보기로 한다.

6.1 OCF(Open Connectivity Foundation) 표준

아래의 그림은 OCF Function Block Diagram으로 OCF표준을 따르는 IoT 디바이스는 이러한 Function Block의 해당 애플리케이션 프로파일 및 프레임워크(Framework)의 각 기능 및 Transport, Networking, L2 Connectivity 계층의 기능을 가져야 됨을 의미한다.

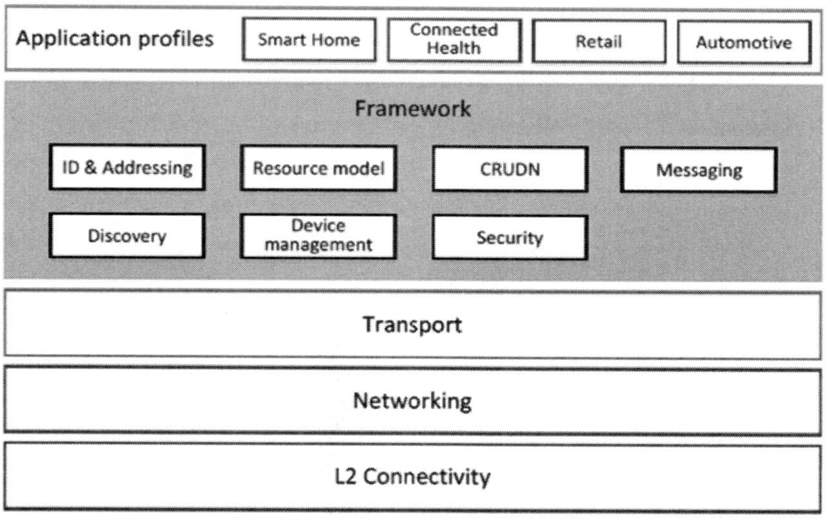

그림 6-1 OCF Function Block Diagram

각 Function Block은 아래와 같은 기능을 수행한다.

가. 애플리케이션 프로파일들: OCF가 지원하는 애플리케이션들의 프로파일들로써 현재는 스마트홈, Connected Health, Retail, Automotive에 대한 상세한 프로

파일 정보를 포함하고 있다.

나. 프레임워크: OCF 디바이스가 지원하는 코어 기능을 나타낸다.

다. ID & Addressing: IoT 디바이스의 ID, 주소로 찾는 방법을 규정한다.

라. 리소스 모델: IoT 디바이스의 리소스를 저장하고 접근하는 방식을 규정한다.

마. CRUDN: IoT 디바이스간 인터랙션 방식을 표현하는 용어로 Create, Retrieve, Update, Delete, Notify Operation의 Initial을 따서 표현한 용어임.

바. Messaging: CRUDN operation의 message protocol을 규정한다. 현재 CoAP (Constrained Application Protocol)이 messaging protocol로 되어 있다.

사. Discovery: OCF 규정을 따르는 IoT 디바이스와 Resource를 찾는 기능을 규정한다.

아. 디바이스 관리: 디바이스 provisioning과 초기 setup등 IoT 디바이스의 capabilities를 관리하는 원칙을 규정한다.

자. Security: Entity에 대한 안전한 접근을 위해 필요한 Authentication(인증), authorization(허가), Access Control(접근 제어) 기능을 포함한다.

1) OCF 아키텍처

아래는 OCF 아키텍처를 표현한 그림으로 OCF 아키텍처는 Client와 Server로 동작하는 OCF 디바이스 간에 resource-based interaction 기능을 제공한다. resource-based interaction 기능이란 리소스정보를 주고 받는 상호작용을 한다는 것을 의미한다.

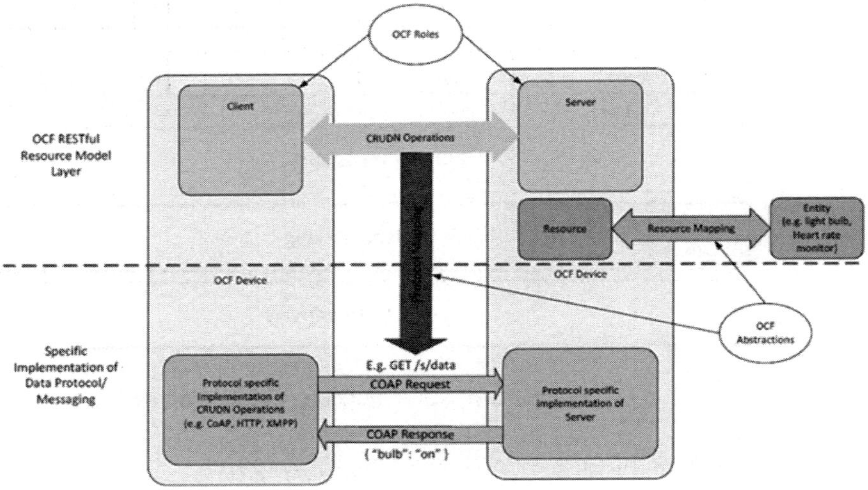

그림 6-2 OCF 아키텍처 – concepts

위 그림에서 차례대로 용어를 설명한 후 전제적인 동작 방식을 설명하기로 한다.

•Client: 일반적인 클라이언트-서버 구조에서와 같이 트랜잭션을 시작하고, 리소스에 대한 저장, 수정, 제거, 검색 기능을 수행하는 CRUDN operation을 Server에게 Request(요청)한다.

•Server: Resource를 관리하며 Client의 CRUDN operation Request에 대해 처리하고 Response를 보낸다.

•CRUDN operations: Client와 Server간에 Resource를 Create(생성), Retrieve(검색), Update (수정), Delete(제거), Notify(통지)하는 operation을 Request(요청)하고 Response(응답)하는 행위들을 총칭한다.

Operations	설 명
CREATE	Client가 Server에게 새로운 OCF 리소스를 생성하도록 요청한다.
RETRIEVE	Client가 Server에게 OCF 리소스의 값이나 현재 상태를 요청한다
UPDATE	Client가 Server에게 OCF 리소스 안의 정보를 부분적으로나 전체적으로 바꾸기를 요청한다.
DELETE	Client가 Server에게 OCF 리소스를 제거하도록 요청한다.
NOTIFY	Client가 Server에게 OCF 리소스의 상태 변화가 있을 경우 비동기적으로 알리도록 요청한다.

•Protocol Mapping: Client와 Server간에 사용되는 CRUDN Operations가 외부로 전송되기 전에 CoAP(Constrained Application Protocol)/HTTP(Hyper Text Transfer Protocol)로 변환(Conversion)되는 것을 의미한다..

•Resource: Light bulb(전구)와 같이 Server가 관리하는 모든 Entity(개체)의 속성(property)과 속성 값을 갖는다. Light bulb의 경우 전압, switch 등의 속성이 있다.

•Entity: Light bulb, Heart rate monitor와 같이 OCF구조 상에서 관리되는 실체이며 Server가 Resource 형태로 관리한다.

•Resource Mapping: Entity를 Resource로 표현하는 것을 가리킨다.

•RESTful operation: CRUDN operation은 RESTful(Representational State Transfer ful) paradigm을 따른다. RESTful(Representational State Transfer ful)이 의미하는 바와 같이 표현되는 상태(Representational State)를 전송하는 구조이다. CRUDN Operation중 하나의 Operation과 대상 리소스와 그 값이 전송되는 형태로서, Server는 Client로부터 받은 Operation기능을 해당 리소스 대상으로 수행을 해 주기만 하면 되므로 Server가 어떠한 상태도 가질 필요가 없다. 즉, Client가 보낸 CRUDN Operation을 트랜잭션과 같이 처리하고 다음에 받는 CRUDN Operation도 이전 CRUDN Operation과 아무 상관 없이 처리하면 된다. 따라서 이런 RESTful paradigm을 따르는 Server는 Stateless Server로 동작하기

만 하면 된다.

그림 6-2의 윗부분(빨간 점선으로 분리된)에서 CRUDN Operation을 주고 받고 아래 부분에서는 CoAP(Constrained Application Protocol) request와 CoAP response를 주고 받는데, 이 그림이 의미하는 것은 내부적으로는 CRUDN Operation이 사용되지만 외부로 전송될 때는 CoAP Message로 변환되어야 한다는 것이다. 또 아래 그림의 통신 프로토콜 스택에서 보는 바와 같이 CRUDN operation은 상대 OCF 디바이스에 전송되기 전에 CoAP 메시지로 변환되어 UDP Packet안에 담겨 전송되는 것을 알 수 있다.

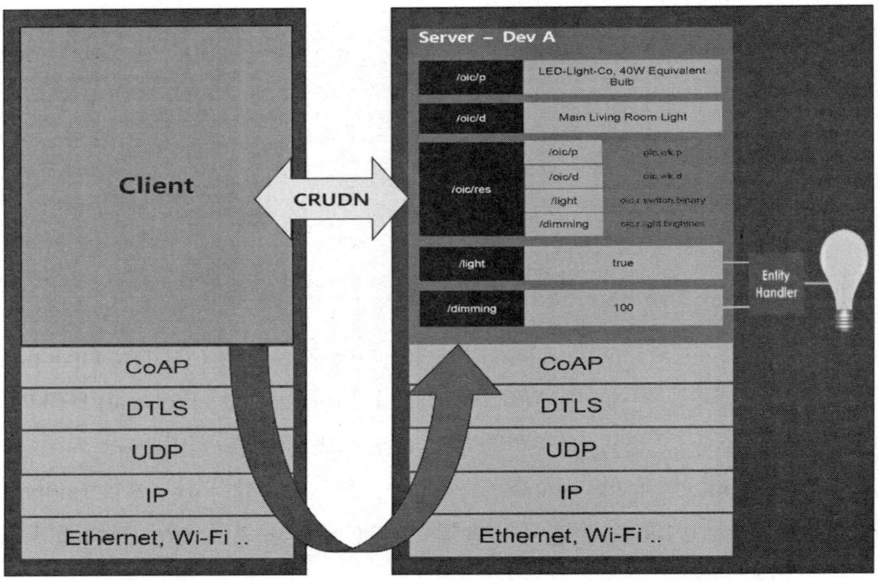

그림 6-3 OCF RESTful Resource Model과 **통신 프로토콜**

그림 6-3은 Server인 Dev A가 관리하는 Light Bulb의 Resource 를 보여준다. 위의 첫 번째 /oic/p는 Platform을 가리키는 Fixed URI(Uniform Resource Identifier)이고 옆간의 "LED-Light-co, 40W EquivalentBulb"는 Platform의 정보를 나타낸다. 둘째 줄 박스의 /oic/d는 Device를 가리키는 Fixed URI이고 옆 간의 "MainLivingRoom Light"는 Device의 정보를 나타낸다. 셋째 줄 첫 번째 박스의 /oic/res는 이 device의 Resource List를 나타낸다. 여기서 /oic/p는 Platform을 가리키는 Fixed URI이고 oic.wk.p라는 Platform을 의미하는 Resource type을 나타낸다. 즉 Platform device라는 것을 가리킨다. 아래로 두 번째 줄의 /light는 URI를 나타내고 "oic.r.switch.binary"는 Resource type으로서 light bulb의 switch가 binary값을 갖는다는 것을 의미한다. 그 밑의 줄 /dimming은 URI를 나타내고 "oic.r.light.brightness"는 Light bulb의 밝기를 나타낸다. 그 밑의 줄의 /Light 의 value는 true라 switch가 켜져 있음을 의미하고 /dimming의 value는 100 이므로 밝기가 100 룩스 임을 가리킨다.

Light의 Device type과 관련된 Resource Type을 정리하면 아래 표와 같다.

Device Title	Device Type	Required Resource Name, Type	Mandatory
Light	oic.d.light	oic/res , oic.wk.res	Yes
		oic/d, oic.d.light	Yes
		Binary switch (oic.r.switch.binary)	Yes
		Brightness (oic.r.light.brightness)	No

그림 6-4의 왼쪽 인터넷 환경에서는 HTTP와 CoAP이 사용되지만, Constrained 환경에서는 CoAP 프로토콜만이 사용됨을 알 수 있다. 즉 리소스 제약이 있는 환경에서는 일반적으로 CoAP이 주류로 사용된다.

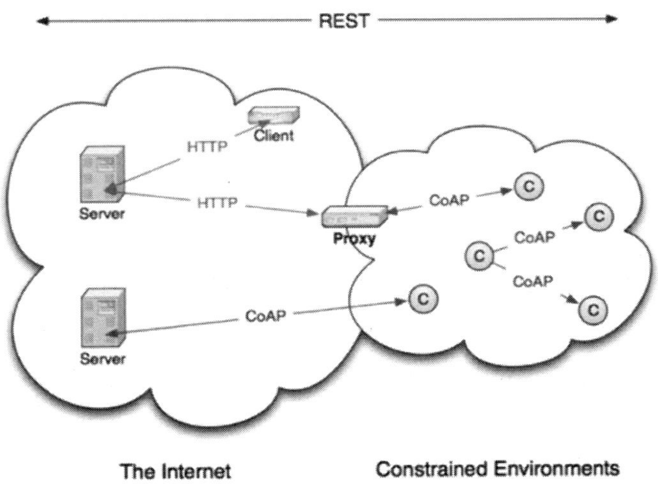

그림 6-4 Internet과 Constrained 환경에서의 CoAP 사용

2) CRUDN을 지원하는 CoAP method

이제 CRUDN Operation을 통신 선로(Communication link)를 이용하여 전송하는데 사용되는 CoAP메시징 프로토콜을 살펴보자. CRUDN operations의 각 CREATE, RETRIEVE, UPDATE, DELETE operation은 CoAP의 GET, PUT, POST, DELETE method에 사상 (mapping)되는데 그 변환 방식은 아래와 표와 같다.

Method for CRUDN	Request data	Response data
GET for RETRIEVE	- Method code: GET (0.01) - Request URI: an existing URI for the Resource to be retrieved	- Response code: success (2.xx) or error (4.xx or 5.xx) - Payload: Resource representation of the target Resource (when successful)
POST for CREATE	- Method code: POST (0.02) - Request URI: an existing URI for the Resource responsible for the creation - Payload: Resource presentation of the Resource to be created	- Response code: success (2.xx) or error (4.xx or 5.xx) - Payload: the URI of the newly created Resource (when successful).
PUT for CREATE	- Method code: PUT (0.03) - Request URI: a new URI for the Resource to be created. - Payload: Resource presentation of the Resource to be created.	- Response code: success (2.xx) or error (4.xx or 5.xx)
POST for UPDATE	- Method code: POST (0.02)	- Response Code: success (2.xx) or error (4.xx or 5.xx)
DELETE for DELETE	- Method code: DELETE (0.04) - Request URI: an existing URI for the Resource to be deleted.	- Response code: success (2.xx) or error (4.xx or 5.xx)

① CREATE operation은 POST나 PUT CoAP method로 변환된다.

POST는 request URI가 유효한 경우에만 사용된다. 즉 서버 상에 이미 존재하는 Resource의 URI 이어야만 POST method를 사용할 수 있다. 즉 POST request의 payload안에 리소스 전체가 아닌 하나 이상의 새로운 부분 리소스의 표현만 있으면 된다.

PUT method는 새로운 리소스를 생성하거나 기존 리소스 전체 표현을 바꿀 경우에만 사용될 수 있다. 따라서 PUT request의 payload 안에 있는 리소스 표현은 전체에 대한 것이어야 한다.

Resource Directory에 에어컨을 Publishing한다거나 에어컨을 제어하기 위해 에어컨의 리소스 정보 중 Binary Switch를 ON값으로 수정하는 경우 둘 다 UPDATE operation을 전송하기 위해 POST method를 사용해야 되는 것이다.

② RETRIEVE는 GET method를 사용하여 전송된다.

GET은 RETRIEVE operation과 마찬가지로 request URI에 의해 식별된 Target 리소스의 표현을 검색한다.

성공했을 때의 response code는 2.xx이고 오류가 발생했을 때는 4.xx나 5.xx

값을 반환한다. 성공이나 오류가 아닌 그냥 무시해야 할 경우가 있는데 지원될 수 없는multicast GET인 경우가 여기에 해당하는데 Multicast group에 가입하지 않은 Client가 요청할 때이다

③ UPDATE는 POST method를 사용하여 전송된다.
앞에서 언급한 바와 같이 POST는 request URI가 유효한 상황에서만 사용된다. 즉 서버 상에 이미 존재하는 Resource의 URI 이어야만 Post method를 사용할 수 있다. 해당 Resource가 존재하지 않으면 서버는 4.xx의 오류 코드를 반환하게 된다. Client는 기존의 리소스의 속성 값을 수정(UPDATE)하기 위해 POST method를 사용한다. 존재하지 않는 속성에 대한 POST method 수행은 무시된다.

④ DELETE는 DELETE method로 전송된다.
DELETE operation에 대해서는 DELETE method가 사용된다. Request의 URI에 의해 식별된 리소스를 삭제하도록 요청하는 method이다.

6.2 클라우드 환경에서의 IoT 디바이스 검색 및 사용 프로세스

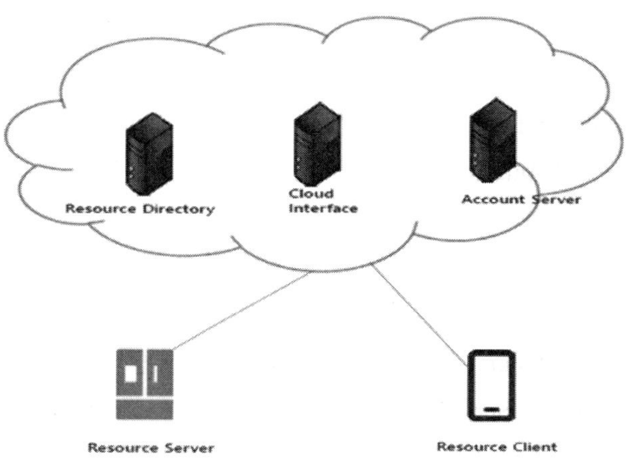

그림 6-5 클라우드 환경에서의 IoT 디바이스 검색 및 사용

위의 그림에서 Resource Client가 클라우드를 통해 클라우드 서버에게 리소스를 요청할 때 관여하는 네트워크 객체들은 Cloud Interface Server, Resource Directory, Account Server가 있다. 각각의 역할은 다음과 같다.

가. Cloud Interface Server: Resource Server나 Resource Client같은 OCF 디바이스가 클라우드에 접속할 때 기본으로 연결되며 OCF 디바이스 사이에 Packet을 route해준다.

나. Resource Directory: Resource Server에 의해 Publish된 리소스 정보를 관리하는 개체(entity)로서 Client가 찾는 리소스 정보를 Resource Directory 에서 받게 된다. 이후에는 Client가 Server를 바로 접속한다.

다. Account Server: OCF 디바이스 등록, 인증, sign-in등의 일을 해 주는 논리적 Server임

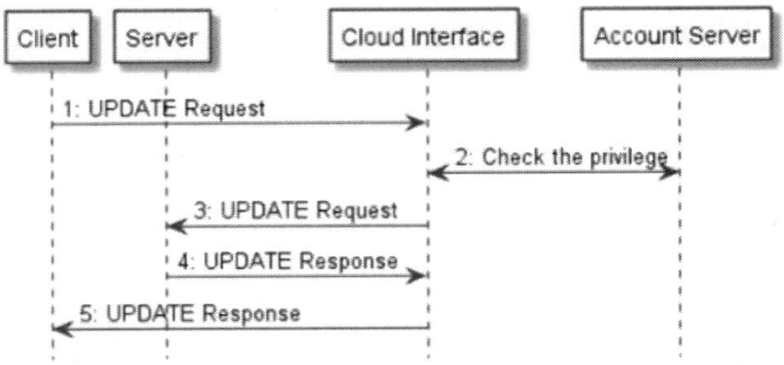

그림 6-6 클라우드 환경에서 Client의 Update 요청 처리

이 그림은 Client가 Server에 있는 리소스를 Update하려고 할 때 일어나는 순서를 보여준다.

1. Client가 Client Interface Server에 UPDATE request를 보낸다.
2. 클라우드 Interface Server는 이 요청을 받아들여도 되는지 Account Server에 묻고 그 결과를 받는다.
3. Account Server로부터 Client에게 권한이 있음을 확인하면, Server에게 그 요청을 전달한다.
4. Server는 Client의 UPDATE request를 실행한 후 UPDATE response를 클라우드 Interface Server에게 전송한다.
5. 클라우드 Interface Server는 UPDATE response를 Client에게 전달한다.

6.3 OCF 적용: 스마트카-스마트홈 융합 서비스

이제 표준 IoT 통신 프로토콜인 OCF 프로토콜이 OCF 아키텍처 상에서 IoT 디바이

스 간에 어떻게 정보를 주고 받는지 살펴보기로 한다. 먼저 스마트카와 스마트홈 간에 이루어지는 융합 서비스의 시나리오로부터 살펴 보고, 이 시나리오를 OCF 프로토콜로 변환하는 과정을 심도 있게 살펴보기로 한다. 여기에는 OCF 디바이스 내부적으로 사용되는 CRUDN operation와 이를 CoAP 메시지로 바꿔 전송하는 내용도 포함된다.

먼저 서비스 시나리오부터 살펴보기로 한다.

무더운 여름날 저녁, 집에 도착하기 20분 전, 스마트카에서 가상비서에게 집에 있는 에어컨을 틀라고 지시하고, 20분 후에 집에 들어가면 시원해진 집에서 바로 휴식을 취할 수 있을 것이다.

이때 스마트카에서 먼저 수행되어야 할 기능을 생각해 보자. 스마트카의 운전자가 “우리 집 에어컨 틀어 줘”란 말을 하고 나면, 가상비서는 운전자의 말을 분석해서 “우리 집”, “에어컨”, “틀어줘” 등 세 개의 어구를 파싱(Parsing)한 후, “우리 집 + 에어컨” 이라는 IoT디바이스의 주소 파악 필요성, “틀어 줘”와 “에어컨”의 연관성 파악을 통해 OCF 프로토콜로 변환하여 5G망을 통해 메시지를 전송하면 다음 페이지의 표와 같은 절차대로 집의 에어컨을 켜는 일련의 서비스가 동작하게 된다.

A는 집에 도착하기 20분 전, 차량의 가상비서에게 에어컨을 켜라는 지시를 내린다. – “우리 집 에어컨 틀어줘” ““Turn on Air Conditioner in My House””

스마트카의 가상비서가 “우리 집 에어컨 틀어줘”란 명령을 인식한 후에는 집에 있는 에어컨을 켜기 위해 아래와 같은 순서로 일을 하게 된다.

1. 집의 에어컨 주소 찾기
2. 에어컨의 현재 상태 파악
3. 에어컨 켜기

그런데 우리가 여기서 고려해야 할 것은 2020년에는 IoT 디바이스의 수가 200억개에 달해서, 우리가 찾으려고 하는 IoT 디바이스를 찾는 과정이 단순하지 않고 약간 복잡한 과정을 거칠 것이란 사실이다.

우리가 원하는 IoT 디바이스를 찾기 위해서는 전화번호부(directory)처럼 IoT 디바이스에 대한 주소 정보를 갖고 있는 Resource directory(RD)를 통해 IoT 디바이스의 주소를 가져와야 한다. 그래서 1 ~ 3번 전에 아래의 일들을 미리 해 놓아야 한다. IoT 디바이스를 찾기 전에 해야 할 작업이라서 –(마이너스 숫자)를 사용했다.

–2. 에어컨 정보를 Publishing할 Resource Directory를 찾는다.

–1. 에어컨 주소를 해당 Resource Directory에 등록한다.

위의 절차대로 OCF 프로토콜 메시지를 작성하여 5G망에 보내면 이제 차에서 집에 있는 IoT 디바이스인 에어컨을 제어할 수 있게 된다.

이것을 OCF 프로토콜로 표현하면 아래와 같다. 자세한 설명은 하위 절에서 하기로 한다.

순서	수행 기능	CoAP	CRUDN operation	Device Type	Required Resource Name	Required Resource Type
–2	Resource directory(RD)를 찾는다	Multicast GET	RETRIEVE		Resource Directory	oic.wk.rd
–1	RD에 에어컨을 등록한다.	POST	UPDATE	oic.d.airconditioner		
1	RD에 질의해 에어컨 주소(URI) 정보를 얻는다.	GET ETag	RETRIEVE	oic.d.airconditioner		
2	에어컨의 현재 상태를 파악한다.	GET ETag	RETRIEVE	oic.d.airconditioner	Binary Switch Temperature	oic.r.switch.binary oic.r.temperature
3	에어컨을 켜라는 지시를 내린다.	POST	UPDATE	oic.d.airconditioner	Binary Switch Temperature	oic.r.switch.binary oic.r.temperature

1) Resource Directory(RD) 찾기

순서	수행 기능	CoAP	CRUDN operation	Device Type	Required Resource Name	Required Resource Type
-2	Resource directory(RD)를 찾는다	Multicast GET	RETRIEVE		Resource Directory	oic.wk.rd

IoT 디바이스를 등록하기 위해 Resource Directory(RD)을 찾는다.

Resource Directory를 찾기 위해 "/oic/res?rt=oic.wk.rd"을 갖는 Multicast GET request를 보낸다. Multicast Expansion Point에서 address expansion이 발생하여 Multicasting 그룹에 속한 OCF device에 GET(/oic/res?rt=oic.wk.rd) 메시지가 전송된다. 각 Resource directory기능을 갖는 OCF device로부터 온 Response에 대해 selection criteria인 sel value에 따라 Resource Directory를 선택한다. Sel value가

낮은 값을 선택하여 Resource Directory로 선택한다. 과정을 그림 6-7에 상세하게 기술하였다.

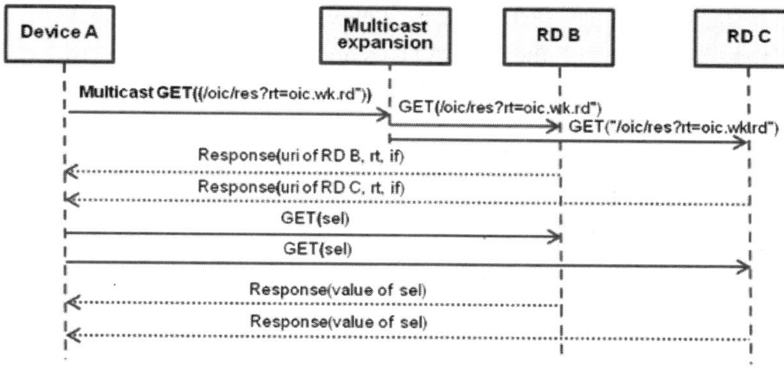

그림 6-7 RD(Resource Directory) discovery

2) IoT 디바이스의 Publishing

에어컨을 Publishing하는 절차는 Client IoT 디바이스인 Device A가 resource directory 기능을 갖고 있는 디바이스 B에 UPDATE request 메시지(CoAP 메시지로 변환)를 보내서 Publish된 links 정보를 수정하는 것이다. Links는 에어컨 정보를 갖고 있는 서버의 URI와 지원되는 Resource Type과 access 정책(Policy) 정보를 갖고 있다.

순서	수행 기능	CoAP	CRUDN operation	URI	Device Type	Required Resource Name	Interfaces
-1	에어컨 정보를 Publishing한다	POST	UPDATE	/oic/rd			di Links ttl

CRUDN operation의 절차는 아래 도표와 같다.

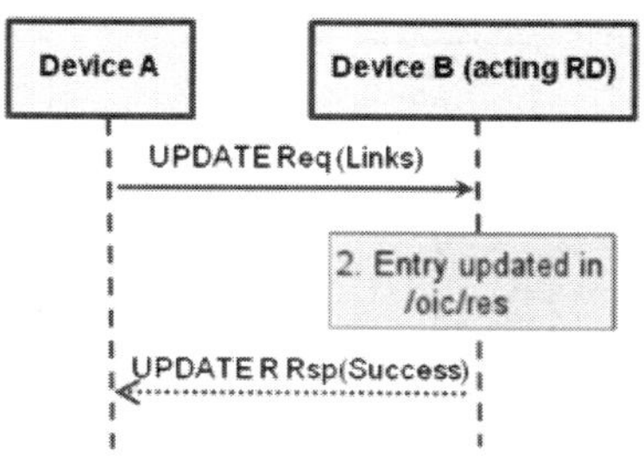

그림 6-8 Information publication 프로세스

이때 UPDATE request의 parameter는 아래와 같다.

- fr: Unique identifier of the Client
- to: URI of the resource targeted for the information update
- ri: Identifier of the UPDATE request

UPDATE request의 identifier가 들어가는 이유는 다른 UPDATE request가 구분하기 위해 필요함.

- op: UPDATE
- cn: Information, including properties, of the resource to be updated at the target resource

에어컨 주소를 등록하려고 할 경우에 디바이스 type은 /oic/d, 디바이스 Value는 oic.d.airconditioner가 된다.

Client로부터 UPDATE request를 받았을 때, 서버는 Client가 요청한 data를 update할 권한이 있는지 Validation한다. 그리고 data가 read-only이면 서버에 의해 reject된다.

UPDATE response의 Parameter는 다음과 같다.

가. fr: Unique identifier of the Server
나. to: Unique identifier of the Client
다. ri: Identifier included in the UPDATE request
라. rs: The result of the UPDATE request
update를 요구한 data가 read-only이면 Server에 의해 reject되며,
rs는 bad request를 가리키는 값으로 setting된다.
마. cn: Information of the resource as requested by the Client

내부 CRUDN operation을 CoAP 메시지로 변환한 후 서버에 보낸다.

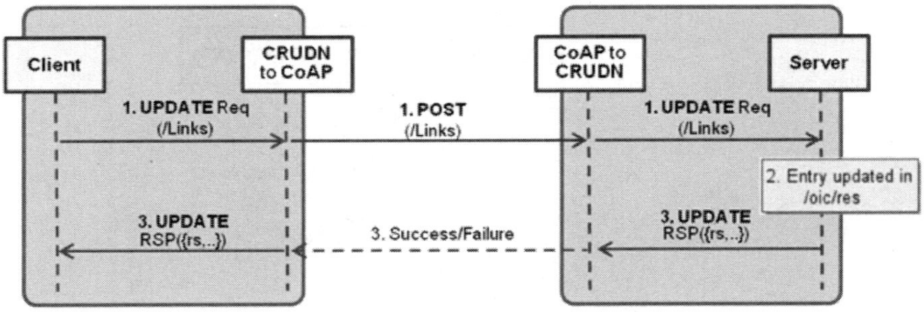

그림 6-9 RD에 IoT 디바이스 주소 등록 절차

3) RD질의를 통한 IoT 디바이스 찾기

IoT 디바이스를 찾으려면 해당 IoT 디바이스의 URI(Uniform Resource Identifier)를 갖는 Resource Directory를 찾는 과정이 필요하다.

RD(Resource directory) based discovery

- OCF 디바이스 C는 Resource Directory기능을 갖고 있는 여러 OCF 표준 IoT 디바이스에 Multicast discovery요청을 보낸다. 단 디바이스 C는 "ALL OCF Nodes" Multicast Group에 가입되어 있어야 한다. IANA IPv6 Multicast Address Space Registry를 참조하기 바란다. Scope 2, 3, 5가 있는데 각각 ff02::158, 2198 ff03::158 and ff05::158 주소를 사용하며 port 5683으로 보내면 된다.
- OCF 디바이스 B는 자신에게 등록된 OCF 디바이스 A와 디바이스 D 그리고 자기 자신, device B의 정보를 device C에 Unicast Response로 응답한다.

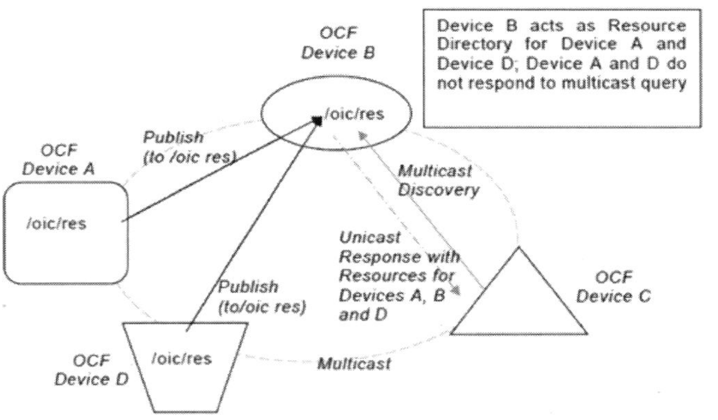

그림 6-10 RD(Resource Directory) based discovery

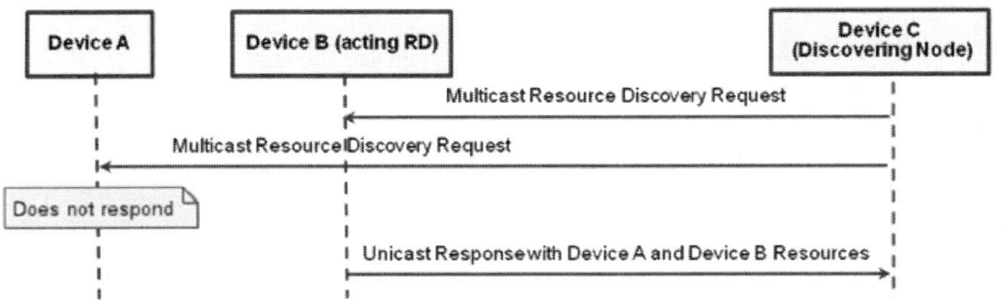

그림 6-11 RD(Resource Directory) based discovery 메시지 순서도

이렇게 device A나 D에 대한 resource directory기능을 하는 device B를 찾는 과

정이 필요하다.

IoT 디바이스를 찾을 때는 resource directory를 가진 서버에 RETRIEVE request를 보내서 원하는 IoT 디바이스의 URI(Uniform Resource Identifier)값을 구해야 한다.

순서	수행 기능	CoAP	CRUDN operation	Device Type	Required Resource Name	Required Resource Type
1	RD에 질의해 에어컨 주소(URI) 정보를 얻는다.	GET ETag	RETRIEVE	oic.d.airconditioner		

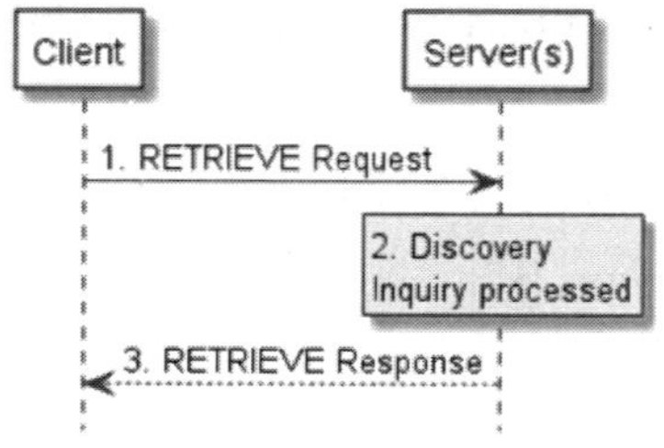

그림 6-12 Client가 서버에 IoT 디바이스 정보 요청

RETRIEVE request의 parameter는 다음과 같다.

- fr: Unique identifier of the Client
- to: URI of the resource the Client is targeting
- ri: Identifier of the RETRIEVE request
- op: RETRIEVE

디바이스 resource는 pre-defined URI "/oic/d"를 사용한다.

참고로, resource를 찾을 때는 "/oic/res"을 사용하고 플랫폼을 찾을 때는 "/oic/p"를 사용한다.

RETRIEVE response의 Parameter는 다음과 같다.

- fr: Unique identifier of the Server
- to: Unique identifier of the Client
- ri: Identifier included in the RETRIEVE request
- cn: Information of the resource as requested by the Client
  i) cn should include the URI of the resource targeted in the RETRIEVE request
- rs: The result of the RETRIEVE operation

내부 CRUDN operation을 CoAP 메시지로 변환한 후 서버에 보낸다.

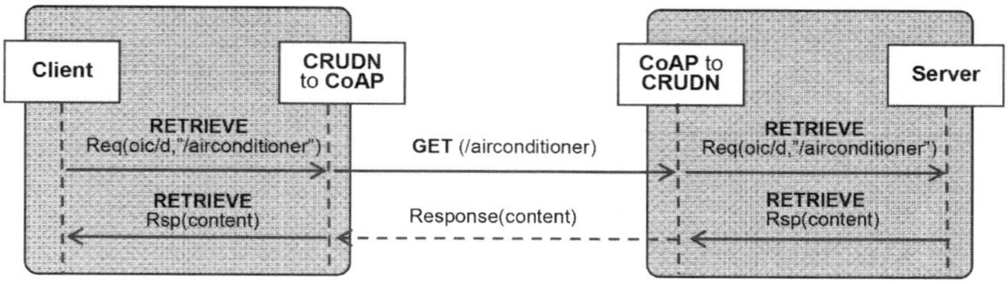

그림 6-13 Client가 서버에 IoT 디바이스 정보 요청

4) IoT 디바이스 상태 파악(monitoring 후 notify)

IoT 디바이스의 상태를 파악할 때도 RETRIEVE operation을 사용한다.

순서	수행 기능	CoAP	CRUDN operation	Device Type	Required Resource Name	Required Resource Type
2	에어컨의 현재 상태를 파악한다.	GET ETag	RETRIEVE	oic.d.airconditioner	Binary Switch Temperature	oic.r.switch.binary oic.r.temperature

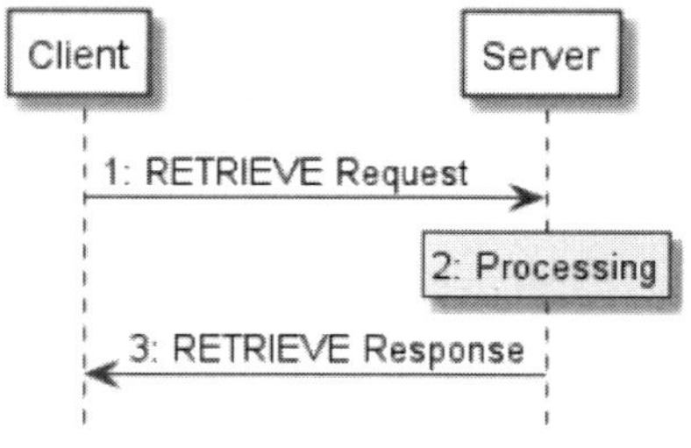

그림 6-14 IoT 디바이스 상태 파악

RETRIEVE request의 parameter는 다음과 같다.

- fr: Unique identifier of the Client
- to: URI of the resource the Client is targeting
- ri: Identifier of the RETRIEVE request
- op: RETRIEVE

RETRIEVE response의 Parameter는 다음과 같다.

- fr: Unique identifier of the Server
- to: Unique identifier of the Client
- ri: Identifier included in the RETRIEVE request
- cn: Information of the resource as requested by the Client
  i) cn should include the URI of the resource targeted in the RETRIEVE request
- cn: The result of the RETRIEVE operation

IoT 디바이스의 상태를 파악할 때도 RETRIEVE operation을 사용한다.

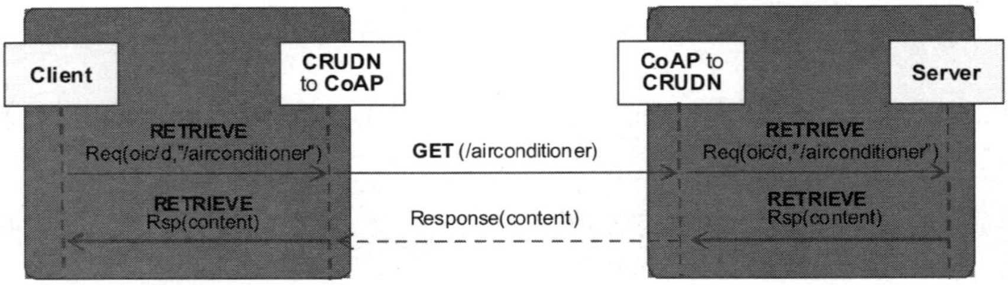

그림 6-15 IoT 디바이스 상태 파악

5) IoT 디바이스 제어

IoT 디바이스를 제어하려고 할 때에는 IoT 디바이스의 상태를 바꿔주는 메시지를 해당 IoT 디바이스에 보내 주어야 한다.

순서	수행 기능	CoAP	CRUDN operation	Device Type	Required Resource Name	Required Resource Type
3	에어컨을 켜라는 지시를 내린다.	PUT	UPDATE	oic.d.airconditioner	Binary Switch Temperature	oic.r.switch.binary oic.r.temperature

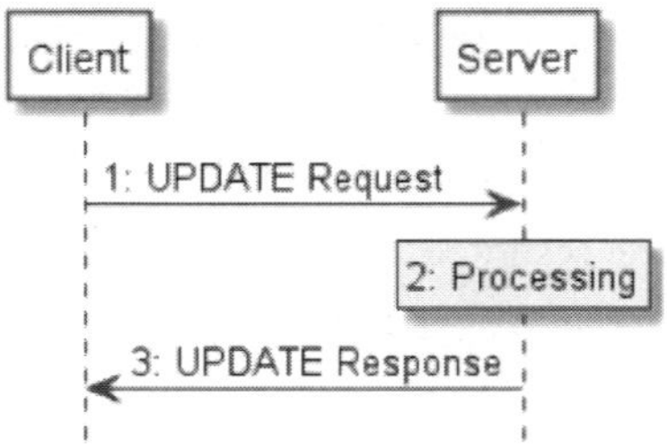

그림 6-16 IoT 디바이스 제어

이때 UPDATE request의 parameter는 아래와 같다.

- fr: Unique identifier of the Client
- to: URI of the resource targeted for the information update
- ri: Identifier of the UPDATE request
  UPDATE request의 identifier가 들어가는 이유는 다른 UPDATE request가 구분하기 위해 필요함.
- op: UPDATE
- cn: Information, including properties, of the resource to be updated at the target resource

Client로부터 UPDATE request를 받았을 때, 서버는 Client가 요청한 data를 update할 권한이 있는지 Validation한다. 그리고 data가 read-only이면 서버에 의해 reject된다.

UPDATE response의 Parameter는 다음과 같다.

- fr: Unique identifier of the Server
- to: Unique identifier of the Client
- ri: Identifier included in the UPDATE request
- rs: The result of the UPDATE request
  update를 요구한 data가 read-only이면 Server에 의해 reject되며,
  rs는 bad request를 가리키는 값으로 setting된다.
- cn: Information of the resource as requested by the Client

내부 CRUDN operation을 CoAP 메시지로 변환한 후 서버에 보낸다.

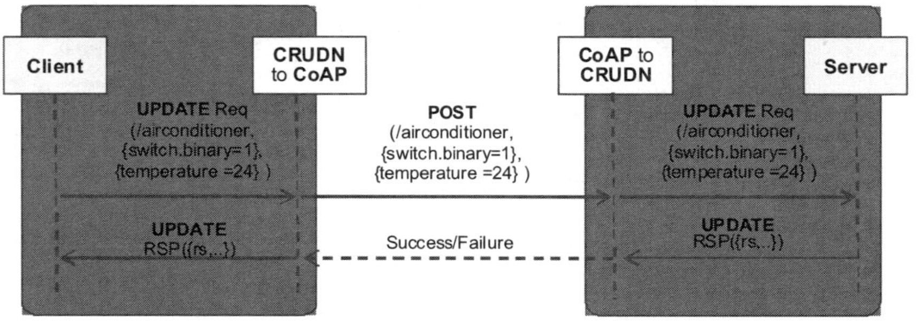

그림 6-17 IoT 디바이스 제어

6.4 Non-OCF 디바이스 연동

OCF표준을 따르는 IoT 디바이스 간에는 OCF CRUDN Operation을 CoAP 프로토콜로 변환하여 메시지를 주고 받음으로써 디바이스 제어 및 정보 송.수신 기능을 수행할 수 있다. OCF가 IoT 디바이스간 표준 통신 프로토콜이긴 하지만 OCF표준을 따르지 않는 디바이스와의 커뮤니케이션도 가능해야 더 많은 IoT 디바이스들이 상호 연동될 수 있다.

아래의 그림은 Client로 동작하는 OCF 디바이스가 Non-OCF 디바이스를 생태계의 한 구성요소로 갖는 OCF 디바이스 간의 Communication을 다루고 있다.

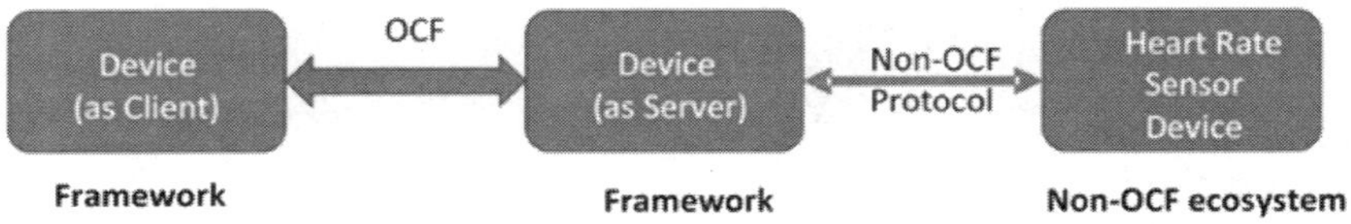

그림 6-18 Bridging to Non- OCF 생태계

Non-OCF 생태계를 구성하는 “HW sensor” 디바이스는 OCF 서버로 동작하는 “Heart Rate Monitor” 디바이스와는 Non-OCF 프로토콜을 사용해 통신하고 있지만 OCF Client인 “Wrist Display”와는 OCF 프로토콜을 사용해 통신한다. 이때 OCF Client인 “Wrist Display” 디바이스가 HW Sensor의 리소스 정보를 Access할 수 있도록 OCF Resource Model을 따라 저장되고 관리된다.

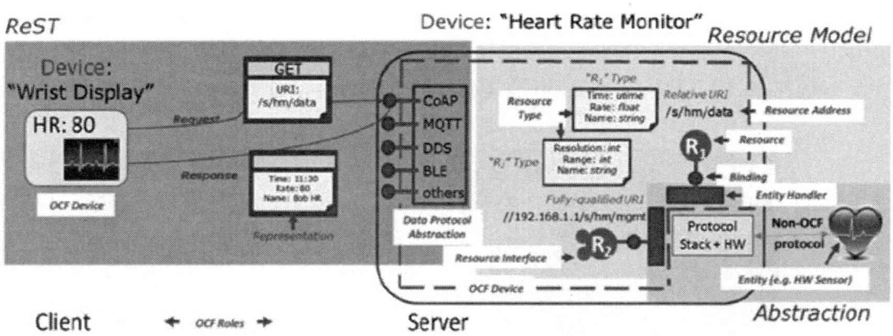

그림 6-19 Heart Rate Monitor에 Non-OCF 디바이스인 HW sensor를 연동

6.5 OCF 보안

OCF 표준에서 지원하는 보안을 다루기 전에 인터넷 상에서 지켜져야 할 보안에 대해 알아보고 OCF 표준의 보안에 대해서 살펴본다.

- 인증(Authentication): 통신 채널의 연결(connection) 설정을 위해 연결 상대의 신원(identity)을 확인하는 기능이다.
- 무결성(Integrity): 데이터가 변경되었는지를 알게 하는 기능으로 데이터가 보여지지 않게 하는 비밀성(Confidentiality) 기능과는 다르다.
- 비밀성(Confidentiality): 데이터가 의도된 수신자 외에는 보여지지 않도록 해 주는 기능이다.
- 서비스 거부(Denial of Service): 정보 시스템의 데이터나 자원을 정당한 사용자가 적절한 대기 시간 내에 사용하는 것을 방해하는 행위. 주로 시스템에 과도한 부하를 일으켜 정보 시스템의 사용을 방해하는 공격 방식이다

보안 (Security)	위협 (Threats)	결과 (Consequences)	대응책 (Countermeasures)
인증 (Authentication)	Impersonation of legitimate users Data forgery	Misrepresentation of user Belief that false information is valid	Cryptographic techniques
무결성 (Integrity)	Modification of user data Trojan horse browser Modification of memory Modification of message traffic in transit	Loss of information Vulnerability to all other threats	Cryptographic checksums MACs, HMACs Secure Hashing
비밀성 (Confidentiality)	Eavesdropping on the Net Theft of info from server Theft of data from client	Loss of privacy	Encryption Web Proxies
서비스 거부 (Denial of Service)	Killing of user threads Flooding machine with bogus requests Filling up disk or memory Isolating machine by DNS attacks	Disruptive Annoying Prevent user from getting work done	Difficult to prevent

인터넷 보안 요소 중 서비스 거부(Denial of Service)만 제외하고 인증(Authentication), 무결성 (Integrity), 비밀성(Confidentiality) 서비스는 OCF 표준에서 지원하도록 규정하고 있다.

자, 이제부터 본격적으로 OCF에서 지원하는 보안 서비스에 대해 알아보도록 하자.

6.1절에서 설명한 바와 같이 OCF 표준은 외부 OCF 디바이스에 메시지를 전송할 때 CoAP 프로토콜을 사용하는데 보안(Security)을 위해 DTLS layer기능을 사용한다.

```
CoAP + DTLS = CoAPs
```

위의 수식은 다름이 아니라 CoAP이 DTLS를 사용하게 되면 CoAPs라 불리게 되고 이는 Security가 지원되는 CoAP 프로토콜을 의미하게 되는 것이다.

DTLS는 Datagram Transport Layer Security의 약자로서 Transport Layer Security를 약간 수정한 프로토콜이다. 전송 프로토콜로 UDP(User Datagram Protocol)를 사용하므로 UDP의 안정적이지 못한 성질을 보완하는 기능들이 추가된 것 말고는 TLS와 거의 유사하다.

UDP의 안정적이지 못한 성질을 보완하는 기능은 아래와 같다.

- Handshake message의 재전송(retransmission)을 허용한다.
- Message의 순서가 바뀌는 것을 허용한다. 이를 위해 Message에 explicit sequence number를 사용하고 Sliding window를 사용하여 순서를 맞춘 다음 TLS 프로토콜 계층에 메시지를 넘긴다.
- 복호화(decryption)시에 발생한 오류를 용인한다. 즉 error 메시지나 session을 끝내지 않는다.

1) TLS 프로토콜 구조

TLS(Transport Layer Security) 프로토콜은 Transport계층에서 보안 서비스를 제공하기 위해 만들어진 서비스 layer로서 다음의 Stack구조로 되어 있다.

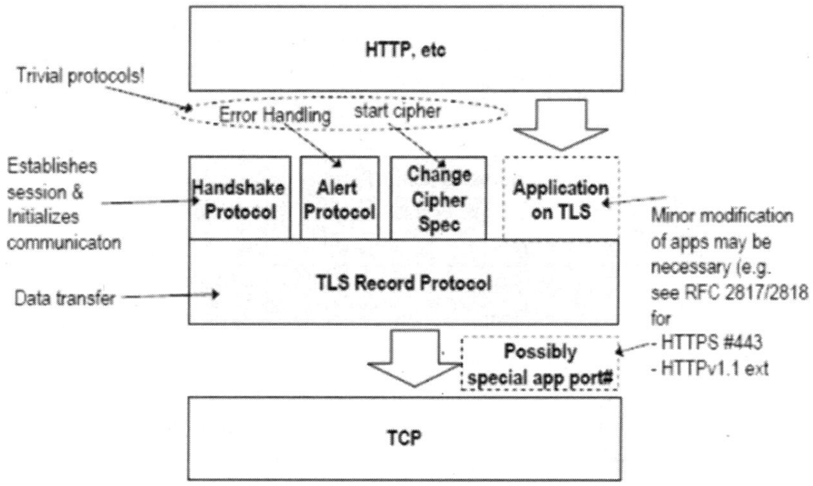

그림 6-20 TLS Protocol Stack

• Handshake protocol: TLS session을 형성하기 위해 사용하며 communication의 초기화 작업을 수행한다.
• Alert Protocol: Error가 발생했을 때 이에 대한 Alert를 주는 일을 한다.
• Change Cipher Spec.: 암호화(Encryption), 복호화(Decryption)에 필요한 Cipher Spec.을 교환하는 일을 한다.

위의 프로토콜을 사용하는 자세한 절차는 다음의 그림을 참고하기 바란다.

Phase 1에서 기본적인 정보 교환 후, Phase 2에서 서버가 자신의 Certificate정보와 Key exchange 메시지를 보내고 Phase 3에서 자신의 certificate과 서버의 certificate verification 메시지를 보냄으로써 상호간 인증이 완료된다.

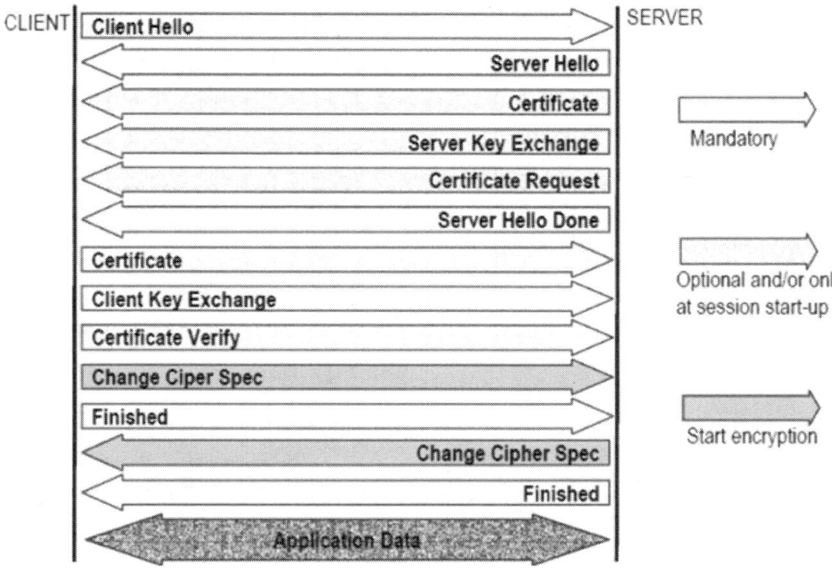

그림 6-21 TLS Handshake Messages

2) TLS Security 서비스

일반적인 Internet환경에서의 보안(Security)에서 살펴본 바와 같이, 데이터 통신 상에서 이루어지는 아래의 세 가지 보안 기능을 다 제공한다. 그러면 이러한 기능들이 세부적으로 어떻게 지원되는지 알아야 보안 기능을 개발할 수 있기에 좀 자세히 살펴보기로 한다.

• 인증(Authentication) - 통신 채널의 연결(connection) 설정을 위해 연결 상대의 신원 (identity)을 확인하는 기능이다.

• 무결성(Integrity) - 데이터가 변경되었는지를 알게 하는 기능으로서 Secure Hash Functions과 HMAC(Hash-based Message Authentication Code)을 사용한다.
• 비밀성(Confidentiality) - 데이터가 의도된 수신자 외에는 보여지지 않도록 해 주는 기능으로서 대칭형 암호화 기법(Symmetric Cryptography)을 사용한다.

① 인증(Authentication) 서비스

Phase 1에서 기본적인 정보 교환 후, Phase 2에서 서버가 자신의 Certificate정보와 Key exchange 메시지를 보내고 Phase 3에서 자신의 certificate과 서버의 certificate verification 메시지를 보냄으로써 상호간 인증이 완료된다.

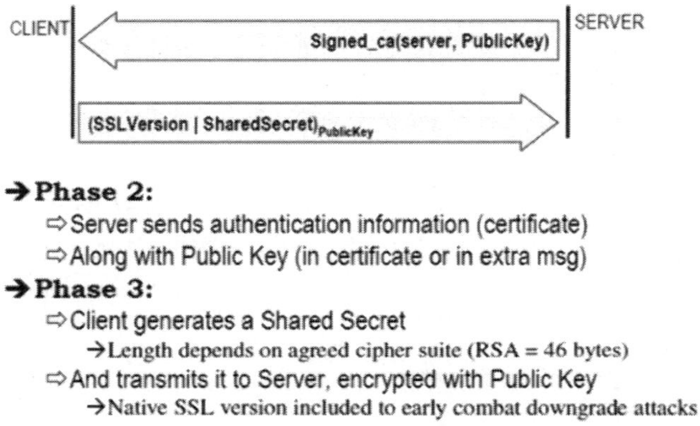

그림 6-22 인증 서비스 Phase 1

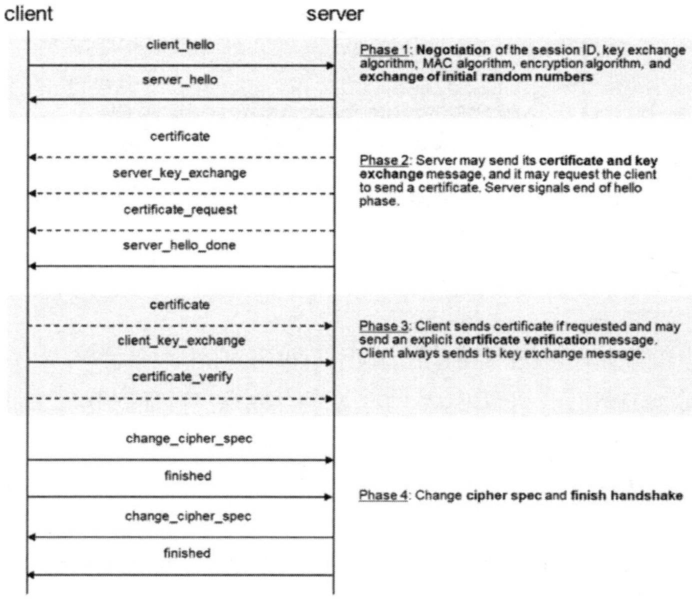

그림 6-23 TLS Handshake Messages

② 무결성(Integrity) 서비스

아래 그림은 TLS Session이 맺어진 후 TLS Message를 보내는 과정을 기술한 것이다.

보낼 애플리케이션 Data를 Fragment화 하고, 압축하고, Hashing값을 붙이고, 암호화하고, 아래 계층인 SSL Record Header를 붙이는 작업을 한다.

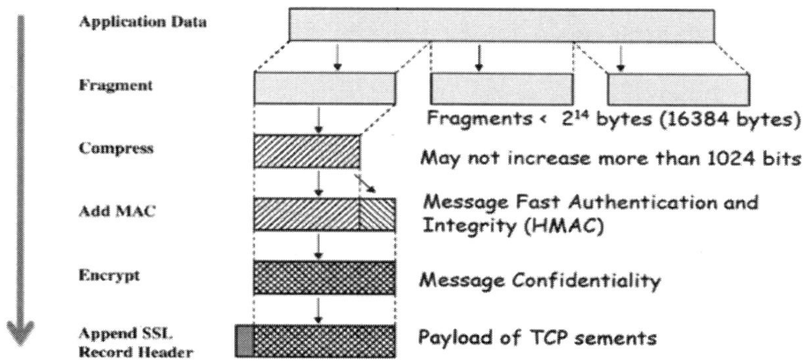

그림 6-24 Record Protocol Operation

여기서 무결성(Integrity) 서비스가 지원되는 과정은 아래와 같다.

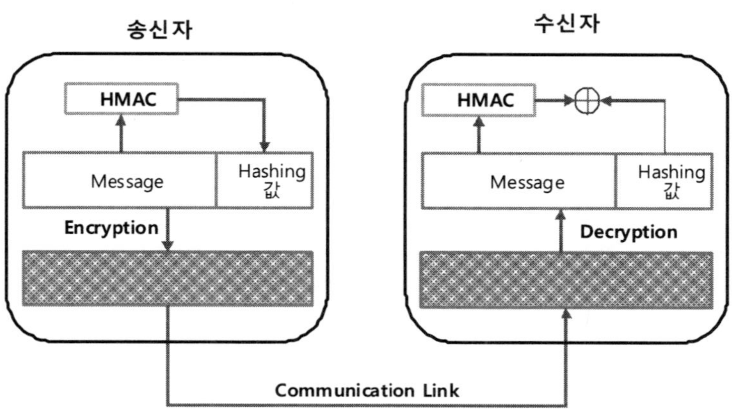

그림 6-25 결성 서비스 지원 방식

송신단에서 HMAC hashing function을 사용하여 Message로 부터 Hashing값을 구하여 Message와 Hashing값 전체에 대하여 암호화를 해서 통신 선로(Communication link)를 통해 수신단으로 보낸다.

수신단에서는 송신단으로부터 받은 데이터를 복호화하여 이를 Message와 Hashing값으로 나눈 뒤 Message에 대해 HMAC Hashing function을 사용하여 결과

값을 구한 후, 이것을 이미 받은 Hashing값과 비교하여 일치하는지 확인함으로써 Message에 어떤 조작이 가해졌는지 판별할 수 있다.

③ 비밀성(Confidentiality) 서비스

메시지 비밀성 서비스는 위의 그림 Phase4에서 주고 받은 cipher spec의 secret key로 암호화해서 보내고 받는 쪽에서 복호화해서 보면 그 내용을 볼 수 있고, 중간의 통신 선로에서는 메시지를 누군가 따서(tampering) 보더라도 그 내용을 알 수 없어서 비밀성(Confidentiality)이 유지되는 것이다.

7장

IoT 디바이스에 5G통신이 가져 올 변화

들어가기

IoT 디바이스들은 크게 Massive IoT(군집 IoT), Mission-Critical IoT, Enhanced Mobile Broadband 통신을 요구하는 IoT 등 세 부류로 분류할 수 있다. 이 IoT 디바이스들을 지원하는데 있어 4G LTE통신은 큰 통신 지연, 대역폭 부족, 연결성 부족 등 여러 가지 제약이 있지만 5G 통신 서비스가 지원되는 2020년 이후에는 초광대역(Enhanced Mobile Broadband) 통신, 초연결성(Hyper connection), 고신뢰성(Ultra-Reliability), 저지연(Low delay) 서비스가 지원되어 IoT 디바이스들이 기능의 제약 없이 잘 사용될 수 있고 클라우드 서버의 빅데이터, 인공지능 서비스도 지연 없이 잘 사용할 수 있게 된다. 이 장에서는 5G의 장점인 이러한 서비스를 살펴보고, 양립하기 어려운 이 서비스들이 5G 통신에서 어떻게 지원되는지 5G의 구조에 대해 자세히 살펴볼 것이다. 5G 네트워크 구조를 알아야 5G 서비스를 더 잘 알고 사용할 수 있게 되기 때문이다.

나아가 초광대역(Enhanced Mobile Broadband) 통신을 이용하는 대표적인 서비스인 AR(Augmented Reality) / VR(Virtual Reality)와 URLLC(Ultra Reliable and Low Latency Communications)기능을 이용하는 대표적인 서비스인 자율주행(Autonomous Driving)에 대해 자세히 살펴볼 것이다.

초광대역(Enhanced Mobile Broadband) 통신, 초연결성(Hyper connection), 고신뢰성(Ultra Reliability) 서비스를 요하는 IoT 디바이스들은 4G LTE환경에서 많은 제약이 있었으나 5G 통신 서비스가 지원되는 2020년 이후에는 IoT 디바이스들이 잘 지원될 뿐만 아니라 서버의 빅데이터, 인공지능 서비스를 지연없이 잘 사용할 수 있게 된다. 이 장에서는 5G의 장점인 이러한 서비스를 살펴보고, 이 서비스들이 어떻게 지원되는지 5G의 구조를 살펴볼 것이다.

7.1 5G 개요

1) 5G 서비스

기존의 4G 네트워크 기능이 스마트폰을 잘 지원하기 위한 것이었다면, 5G 네트워크의 기능은 다가오는 시대의 다양한 디바이스를 지원하기 위한 것으로 정의된다. 가트너 자료에 의하면 2020년에 IoT 디바이스는 200억개에 이르고 이 디바이스들의 대부분이 네트워크에 접속되고, Immersive 경험을 제공하는 서비스들이 주류를 이룰 것으로 예상된다. 이들 IoT 디바이스의 사용자들이 요구하는 서비스를 만족시키기 위한 성능 지표를 ITU-R(ITU Radiocommunication Sector)은 아래와 같이 정의하고 있다.

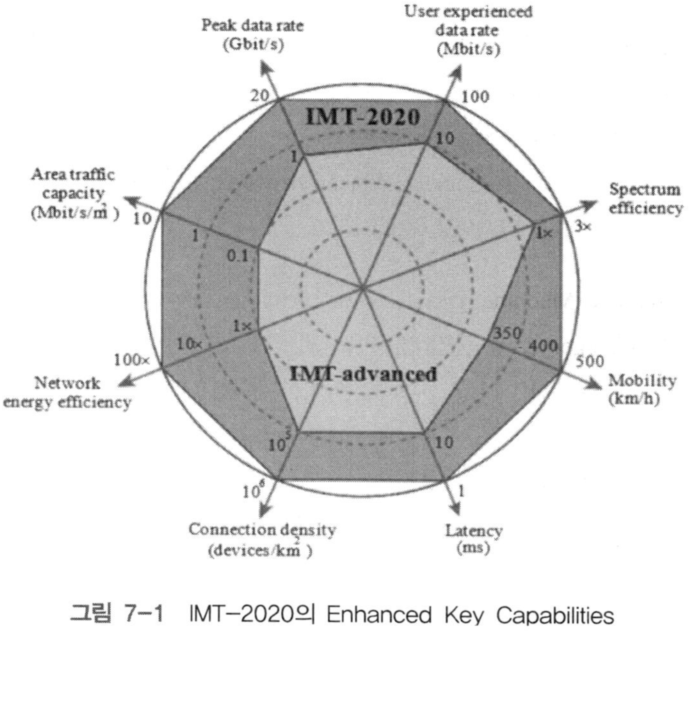

그림 7-1 IMT-2020의 Enhanced Key Capabilities

이와 같은 가까운 미래의 서비스 요구사항을 토대로, 표준화 기구인 ITU-R은 enhanced Mobile BroadBand(eMBB), massive Machine Type Communications (mMTC), Ultra-Reliable and Low Latency Communications(URLLC)의 세 가지 서비스 시나리오를 아래 그림으로 나타내고 있다.

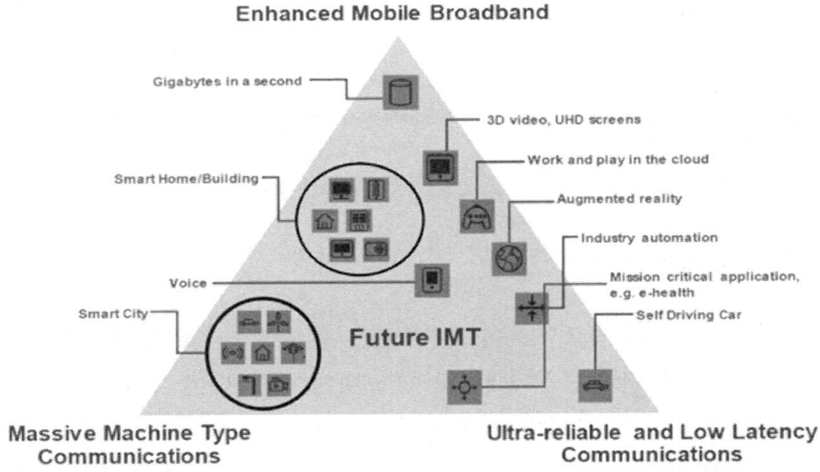

그림 7-2 5G 서비스 Category와 애플리케이션들

각 서비스 Category를 구체적으로 살펴보면 아래와 같다.

- enhanced Mobile BroadBand(eMBB): 초고속 통신을 모바일 환경에서 제공하는 것으로 세부적인 서비스는 아래와 같다.
  - 3D Video Tele-conferencing
  - UHD Video Streaming
  - VR(Virtual Reality) / AR(Augmented Reality) / MR(Mixed Reality)
  - Work and Play in the Cloud

- massive Machine Type Communications(mMTC): massive IoT를 지원하는 서비스 Category로서 군집 경향을 갖는 IoT 디바이스까지 잘 지원하기 위한 것이다.
  - 스마트시티
  - 스마트농업
  - 스마트리테일
  - 스마트 교통 시스템
  - 스마트물류
  - 환경 모니터링

- 스마트홈
- 스마트오피스
- e-health

• Ultra Reliable and Low Latency Communications(URLLC): mission-critical IoT를 지원하며 끊김이 없는 안정적인 connection과 저 지연(low latency) 성격을 만족시켜야 하는 서비스 Category이다.
  - 자율주행차(Self-driving car)
    Vehicle-to-Everything(V2X) communication
  - Industry automation
    스마트 manufacturing, Autonomous monitoring
  - Mission-critical 애플리케이션
    원격 수술, 스마트 팩토리

이 세 가지 범주의 서비스들을 지원하기 위해서는 그림과 같은 성능지표가 만족되어야 한다.

IMT-2020에서 지원할 목표 성능 지표는 아래 그림과 같다.

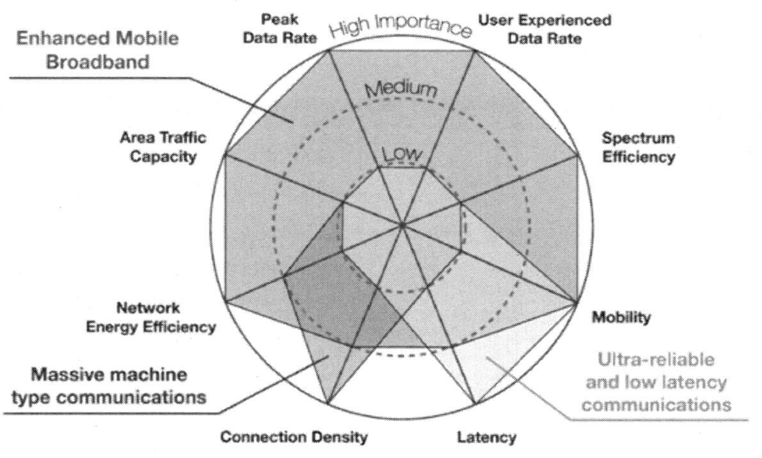

그림 7-3 다른 Usage Scenarios에서 주요 Capabilities의 중요성

• enhanced Mobile Broadband (eMBB): 초고속 통신을 모바일 환경에서 지원하기 위해 필요하며 주로 고화질의 영상을 제공하는 Application을 위한 서비스이다.
  - High Importance: User Experienced Data Rate, Peak Data Rate, Network Energy Efficiency, Mobility
  - Medium Importance: Connection Density, Latency

고해상도 Video를 모바일 환경에서 몰입감을 갖고 볼 수 있도록 하기 위해 그림 7-3의 성능지표 중 가장 중요한 것은 사용자가 느끼는 데이터 전송 속도인 User Experienced Data Rate와 이동 중에도 끊김 없이 안정적으로 볼 수 있게 해 주는 Mobility이다.

- massive Machine Type Communications(mMTC): 대규모의 Machine Type Communications은 sensor나 간단한 형태의 IoT 디바이스들을 지원하기 위한 서비스 유형으로, 한정된 지역에서 대규모의 IoT 디바이스들을 지원해야 하므로 가장 중요한 성능 지표가 Connection density이고 광 대역망에 연결될 때 Network Energy Efficiency가 다음으로 중요한 성능 지표가 된다.
- Ultra Reliable and Low Latency Communications(URLLC): mission-critical IoT를 지원하며 끊김이 없는 안정적인 connection과 저 지연(low latency) 성격을 만족시켜야 하는 서비스 Category라서 Mobility와 Latency가 가장 중요한 성능지표다.

2) 5G 아키텍처

앞에서 설명한 5G서비스를 제공하기 위해 5G 네트워크는 아래의 기술과 네트워크의 구조를 지원해야 한다.

5G 네트워크 기술		Description
에지 컴퓨팅		에지 클라우드에서 분산
	5G 코어의 전진 배치	코어기능을 광역 국사로 배치
	5G RAN 구조 변경	C-RAN과 Fronthaul의 재 설계
E2E 네트워크 Slicing		서비스 단말로부터, 기지국, 제어망까지 제공되는 서비스에 최적화된 트래픽 전달
	5G Access망 통합	유.무선망을 패킷망으로 통합
	소프트웨어 정의 네트워크	소프트웨어 정의 네트워크
	네트워크 기능 가상화	네트워크 기능 가상화
서비스 인지 네트워크 (Service Aware Network)		서비스 연결이 생성될 때, 어떤 서비스가 제공되어야 하는지 인지하는 기술

클라우드의 컴퓨팅 파워를 에지로 가져 오는 에지 컴퓨팅은 5G 코어를 에지단으로 전진 배치함으로서 대역폭(Bandwidth)을 크게 증가시킬 수 있고 네트워크 지연(delay)도 줄여줄 수 있다. 또한 C-RAN과 Fronthaul의 재 설계를 통한 5G RAN 구조 변경으로 에지 컴퓨팅의 장점을 극대화하였다.

E2E 네트워크 슬라이싱은 회선망을 사용하는 무선 Access망을 패킷망으로 통합

하여 통합 관리가 가능하게 하고 소프트웨어 정의 네트워크(SDN)과 네트워크 기능 가상화(NFV; Network Function Virtualization) 기능을 통해 서비스 단말로부터 기지국, 제어 망까지 종단간(End-to-end) 네트워크 자원을 최적화하고 역동적(dynamic)으로 관리하여 종단간 요구되는 서비스 품질(Quality of Service)를 만족할 수 있게 된다.

① 에지 컴퓨팅

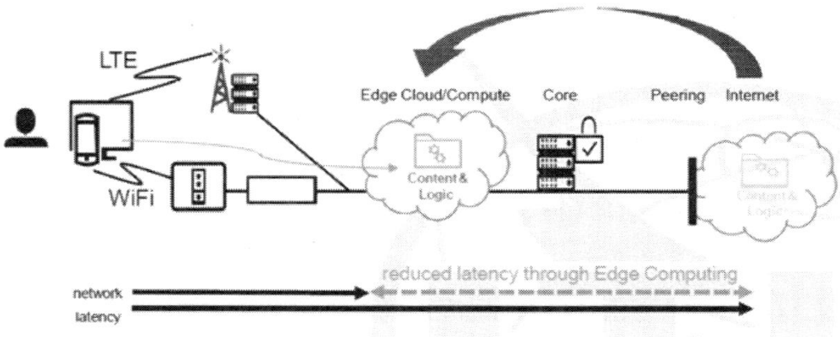

그림 7-4 에지 컴퓨팅의 이점

그림 7-4와 같이 저 멀리 있던 클라우드 서버를 에지단으로 가져오면 당연히 네트워크 지연은 줄어들게 되고 대부분의 데이터는 에지 서버와 바로 인접한 애플리케이션 서버를 통해 지원이 되므로 네트워크 대역폭도 크게 늘어나게 된다.

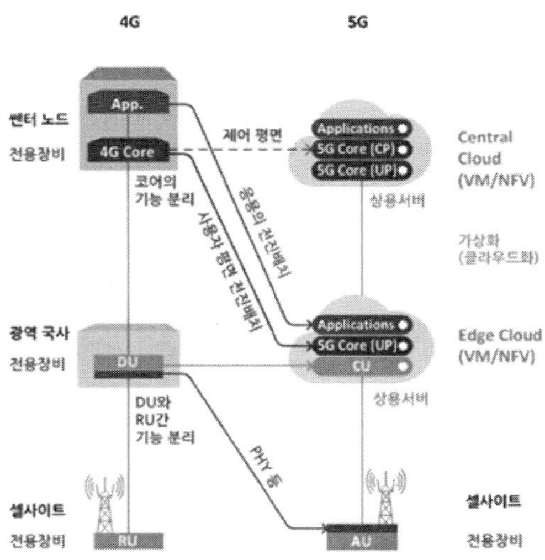

그림 7-5 5G 코어 및 애플리케이션 서버의 전진 배치

그림 7-5에서 제어 평면(Control Plane)은 중앙 클라우드에 있지만 데이터 전송을

담당하는 사용자 평면(User Plane)은 전진 배치된 에지 클라우드에 위치하게 되어 네트워크 지연이 크게 줄어든다. 또한 애플리케이션 서버가 같이 전진 배치되어 그 효과가 배가된다. 5G 코어가 전진 배치된다는 것은 4G에서 2개 밖에 존재하지 않던 코어(5G에서는 에지 클라우드라 부름)가 대폭 확장된다는 의미여서 특별한 상황이 아닌 대부분의 경우 에지 클라우드 상에서 데이터 이용이 이루어지게 됨을 의미한다.

3) E2E 네트워크 슬라이싱

4G 네트워크가 지원하는 대상이 스마트폰류의 이동전화기인 반면 5G 네트워크는 서로 다른 속성을 갖는 다양한 단말들을 대상으로 서비스를 제공해 주어야 한다. 앞 절에서 설명한 것처럼, 5G 네트워크는 enhanced Mobile Broadband (eMBB), massive Machine Type Communications(mMTC), Ultra-Reliable and Low Latency Communications(URLLC) 범주의 서비스를 요구하는 다양한 단말들을 잘 지원할 수 있도록 주어진 자원을 잘 활용할 수 있어야 한다. 그러한 요구 사항을 만족시키기 위해 ITU-T(ITU Telecommunication Standardization Sector)에서는 E2E(End-to-End) 네트워크 슬라이싱(Network Slicing) 개념을 고안하여 실제 5G 네트워크에 적용하도록 권고안을 제정하였다.

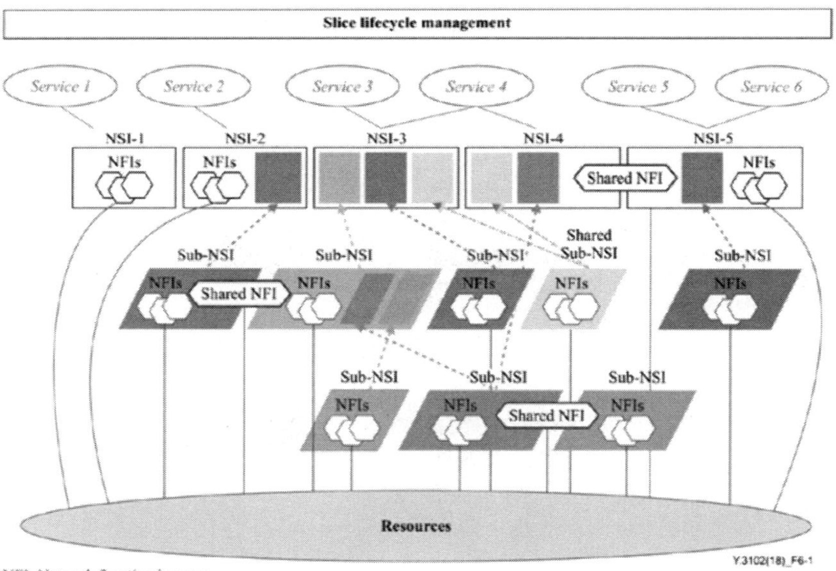

NFI: Network function instance
NSI: Network slice instance

그림 7-6 네트워크 Slicing of 5G Netwok

네트워크 슬라이싱은 IMT-2020 네트워크 운영자들이 여러 시장과 기업 시나리오에 맞춰 설계된 솔루션을 제공하기 위해 논리적으로 쪼개어진 네트워크를 만드는 것이다. 서비스들은 각각의 네트워크 조각의 컨텍스트를 유지하며 지원된다. 각 네트워크 조각은 eMBB, mMTC and URLLC와 같은 서로 다른 응용 서비스들의 지원이 가능하도록 거기에 맞춰진 솔루션을 제공할 수 있어야 한다. 네트워크 조각 인스턴스(NSI)는 할당된 자원 상에서 동작하는 네트워크 기능 인스턴스(NFI)들의 집합으로 구성된다. 이러한 네트워크 조각 인스턴스(NSI)는 특정한 네트워크 역량과 특징을 제공하는 논리 네트워크를 구성한다. 그리고 이 네트워크 조각 인스턴스(NSI)들은 네트워크 조각 수명 주기 관리 시스템들에 의해 관리된다. 그리고 네트워크 조각 수명 주기 관리 시스템들은 네트워크 조각 수명 주기 관리 동안 네트워크 조각, 네트워크 기능과 자원들의 통합적 관리를 담당한다.

위의 개념을 숙지하고 아래의 5G네트워크상에서 CDN(Content Delivery 네트워크) 서비스를 이해해 보자.

■ Acronyms and Abbreviations

NACF - Network Access Control Function

SMF - Session Management Function

ASF - Authentication Server Function

PCF - Policy Control Function

UPF - User Plane Function

RAN 1 - Radio Access Network 1

MEC - Multi-Access Edge Computing

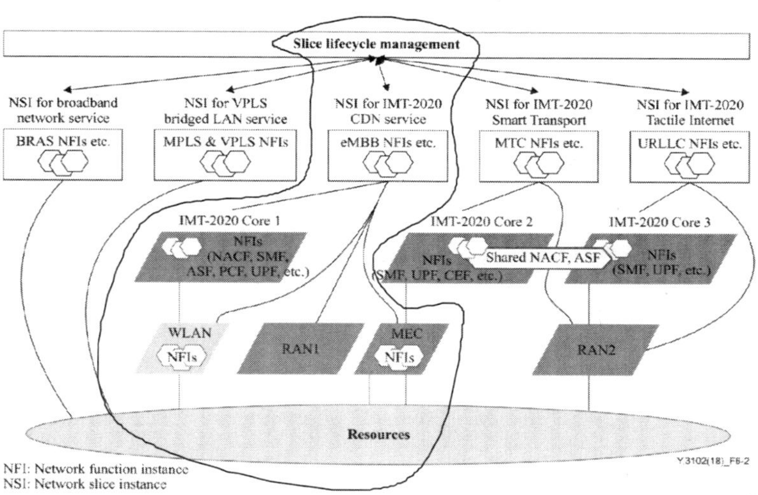

그림 7-7 IMT-2020 network deployment 예

그림 7-7에서 IMT-2020 CDN 서비스 NSI와 IMT-2020 Core 1 NSI와의 mapping은 Auth entication등 control을 위한 것이고, IMT-2020 CDN 서비스 NSI와 하부 layer의 WLAN, RANI, MEC와의 mapping은 데이터 전송을 위한 것이다.

1. Slice lifecycle management Function을 통해 IMT-2020 CDN 서비스를 위한 네트워크 Slice Instance(NSI)를 할당 받는다.
2. IMT-2020 CDN 서비스 NSI에 eMBB NFI를 할당 받는다.
   eMBB NFI를 할당 받아서 IMT-2020 CDN 서비스 NSI와 mapping해 준다
3. IMT-2020 control plane의 Control plane functions를 통해 IMT-2020 slice lifecycle management and Orchestration모듈로부터 IMT-2020 Core1 NSI를 할당 받는다.
4. IMT-2020 Core1 NSI에 NACF, SMF, ASF, PCF, UPF등의 NFI를 할당 받는다.
5. IMT-2020 Control plane의 Control plane functions를 통해 WLAN, RAN1, MEC NSI를 할당 받는다.
6. IMT-2020 slice lifecycle management and Orchestration 모듈을 통해 eMMB NFI와 WLAN, RAN1, MEC를 mapping한다.

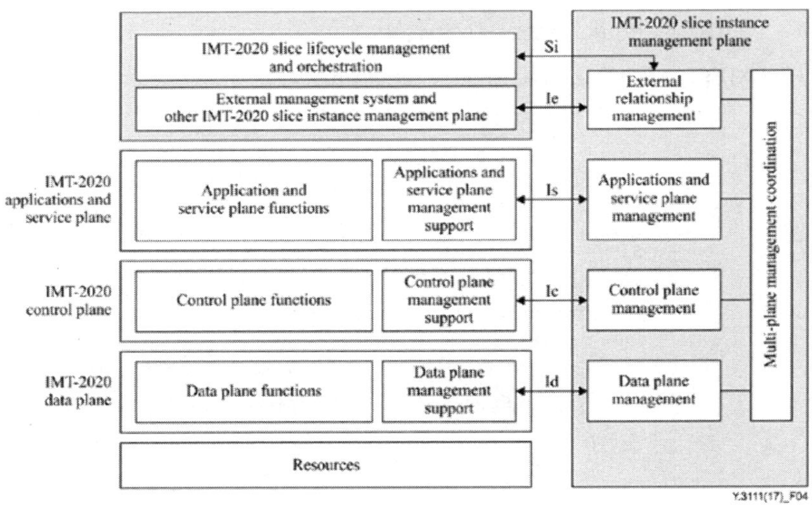

그림 7-8 IMT-2020 NSI management functional architecture

다음 그림을 통해 좀 더 상세한 과정을 이해해 보자.

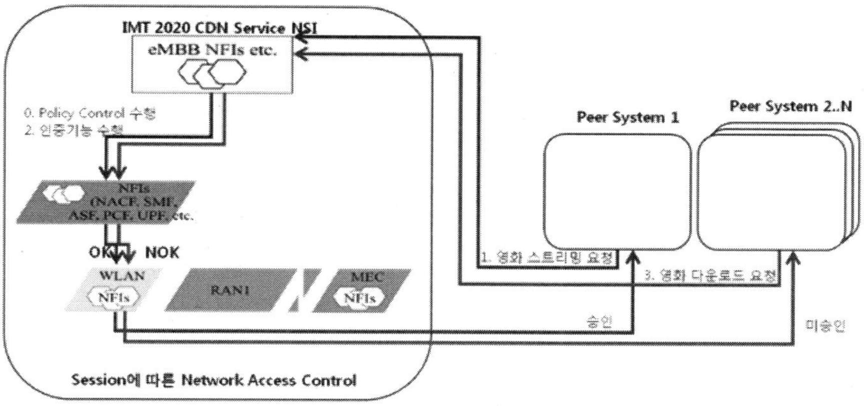

그림 7-9 IMT 2020 CDN 서비스 NSI를 위한 NFIs

■ Data Communication

0. 사전에 PCF(Policy Control Function)을 수행한다
   네트워크 대역폭이 부족한 경우, 영화 스트리밍 서비스를 다운로드 서비스에 우선해 처리한다.
1. Peer 1에서 IMT-2020 CDN 서비스 NSI에 "Guardians of Galaxy" 영화 스트리밍을 요청한다.
2. IMT-2020 Core 1 NSI의 Authentication 서버 Function(ASF)을 통해 인증절차를 밟는다.
   - Peer의 요청을 승낙한다.
   - 사용자 요청 Bandwidth의 변화와 사용 네트워크 Bandwidth의 가변에 따라 Session Management Function을 수행한다.
     UE로부터 session establishment request message를 받으면, NACF는 session을 관리할 가장 적절한 SMF를 찾아서 선택한다. Session management function (SMF)는 IP나 non-IP protocol data unit (PDU) connectivity 즉 UE를 위한 PDU session를 setup하는 function을 제공한다. 이 외에도 QoS policy and Charging policy의 실행을 위해 user plane의 네트워크 function을 제어하고 Policy control function을 위한 session 관리 기능도 제공한다.
3. 이제 Data를 Peer System 1에게 전송하는데 Data는 User Plane function을 통해 전송한다.
4. Peer 2가 영화 다운로드 요청을 한다.
5. (NACF) Peer 1에게 영화 스트리밍 서비스를 제공하고 있는 중이라 대역폭 부족으로 Peer 2가 요청한 영화 다운로드 서비스를 할 수 없어서 Peer 2에게 요청 거절(미 승인) 메시지를 보낸다.

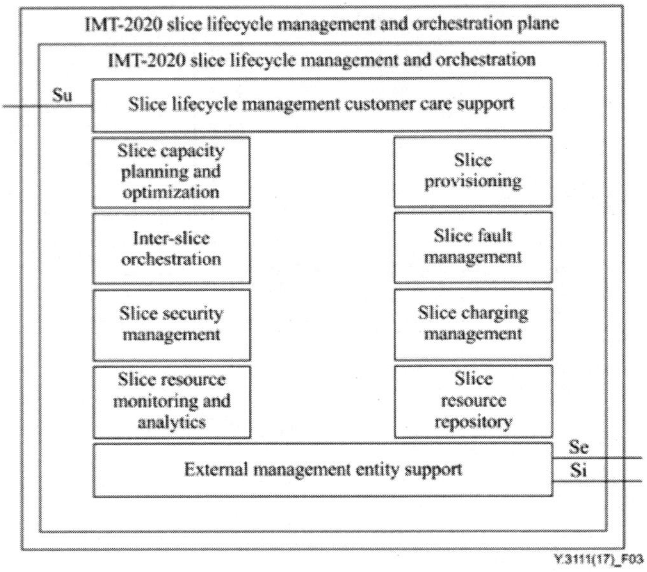

그림 7-10 Slice lifecycle management and orchestration functional component

IMT-2020 slice lifecycle management customer care support (SLM-CCS) functional element 는 customer나 애플리케이션에게 slice lifecycle management functionality에 대한 표준 I/F를 제공한다. 즉 SLM에 있는 정보와 요청해서 받는 관리 operation을 지원한다. Slice를 create하라고 slice customer에게 받는 요청은 eMBB, mIoT, URLLC와 같은 서비스 type, slice priority, slice sharing option등 네트워크 slice상에 있는 서비스 요구사항들의 특정한 catalog를 포함한다.

7.2 5G 적용 서비스

1) AR/VR 서비스

일반적으로 가상현실(VR; Virtual Reality)은 PC와 비교하여 사람의 눈과 가깝기 때문에 PC환경보다 높은 해상도 및 프레임(>90fps)을 지원해야 어지러움을 감소시킬 수 있어서, PC의 경우 초당 재생되는 픽셀수는 1,920 × 1080 × 30fps = 60MP(Mega Pixel)인데 비해 HMD(Head Mount Display) VR의 경우는 3024 × 1680 × 90fps = 450MP이 필요하다. 이는 PC의 약 7.5배에 해당하며 5G 서비스의 초광대역통신 서비스를 필요로 한다.

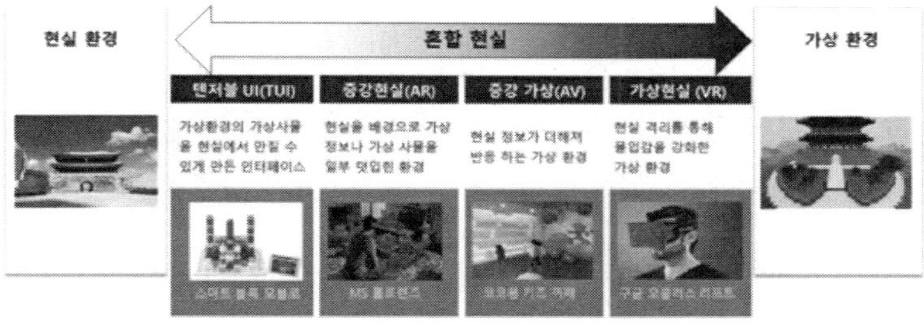

그림 7-11 증강 현실(Augmented Reality)/가상 현실(Virtual Reality)

- 증강 현실
  현실을 배경으로 가상 정보나 가상 사물을 덧입힌 현실로서 포켓몬 게임도 여기에 해당한다.
- 가상 현실
  해드셋이나 글래스를 통해 몰입감을 강화한 가상의 세계를 보여준다.

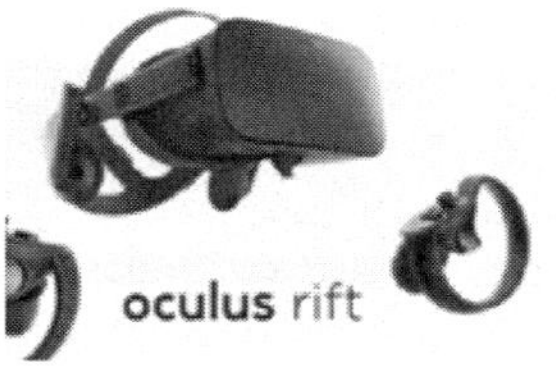

그림 7-12 마이크로소프트 HoloLens, 구글 Oculus rift

① 재래적 뇌수술

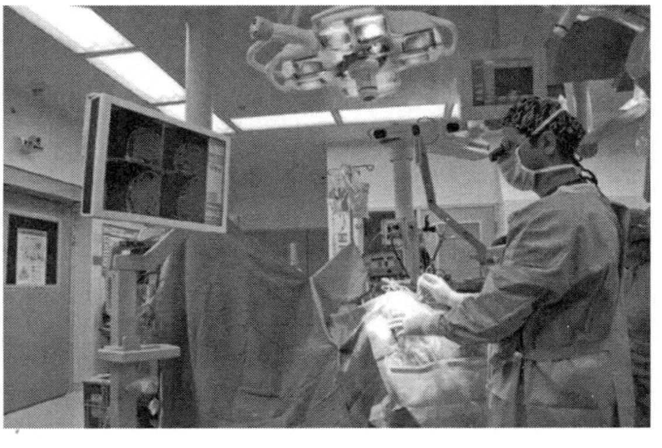

그림 7-13 재래식 뇌수술 방법

② VR을 이용한 뇌수술 방법

아래의 documentary 영상은 VR을 이용한 뇌수술로 실제 뇌종양 환자, 담당 의사 그리고 가상현실 분야 전문가가 출연하여 가상현실기술을 활용했을 때 수술의 사전 준비단계, 환자에게 설명하는 부분, 실제 수술에 긍정적인 영향을 미쳐서 수술이 원활하고 성공적으로 진행되는 것을 보여준다.

• 수술의 사전 준비 단계

환자의 뇌를 MRI로 스캔하고, 여러 장으로 된 2D사진들을 토대로 3D모델을 제작

• 환자에게 설명하는 부분

환자의 MRI 2D 사진을 토대로 만든 3D 모델을 보면서 환자에게 설명할 수 있어서 의학 용어를 모르는 환자도 환자의 상태와 수술의 방향, 수술 후 관리에 대한 환자의 이해도를 높일 수 있음.

• 수술의 성공에 기여

수술을 집도하는 의사들끼리 서로 VR화면을 보면서 정확하게 의견을 공유하면서 수술을 진행할 수 있고 환부 크기와 위치, 민감한 부위 등을 고민해서 가장 안전하고 최적화된 수술법을 고민할 수 있다. 또한 집도의가 몇 차례 가상으로 테스트 해볼 수 있어 수술의 성공률이 높고 경과가 좋은 방법을 택할 수 있는 점이 VR을 이용한 수술의 큰 장점이라고 할 수 있다.

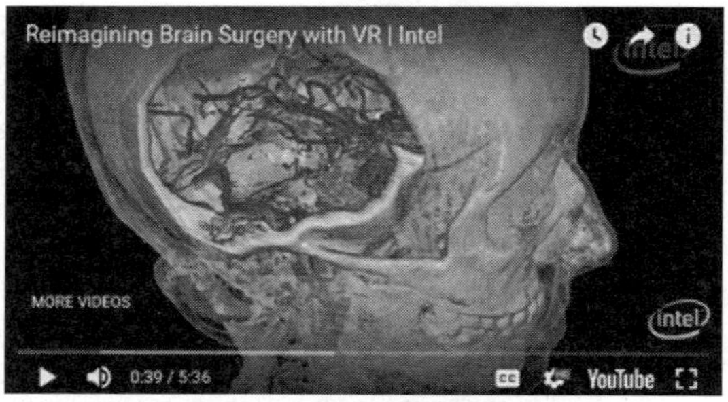

그림 7-14 가상현실을 이용한 뇌수술 방법

③ AR/VR 발전 방향

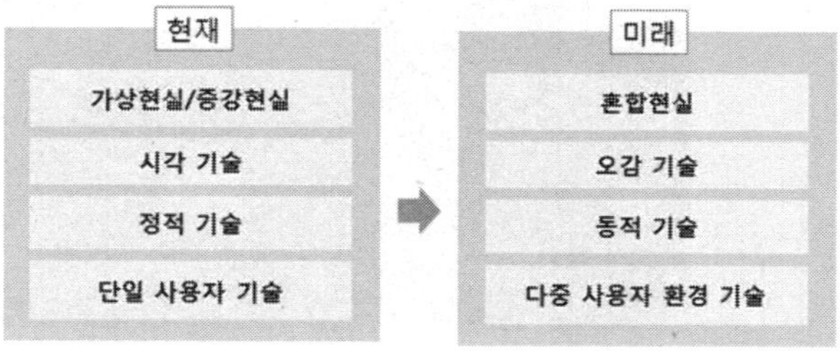

그림 7-15 AR/VR 발전 방향. 출처: 소프트웨어 정책연구소

오감 기술

- 시각 중심의 기술에서 소리와 촉각 등 인간의 오감을 통해 경험하는 다중 감각 기술로 발전
- (촉각) 기존에는 전용 시뮬레이터 장치로 촉각을 제공했으나 범용성이 있는 장갑이나 슈트 같은 웨어러블 디바이스로 발전
- (후각과 미각) 사용자별로 선호도나 느끼는 정도가 다르기 때문에 다른 감각에 비해 활용영역이 제한적이고 발전 속도가 늦음.

동적 기술

- 정밀한 사용자의 위치와 상황을 인지하여 서비스를 제공하는 IoT 등의 서비스에서 활용 가능
- 주변 공간을 인식하고 공간 속의 사용자의 위치와 움직임, 행동을 반영

다중 사용자 환경 기술

- 기존 디바이스는 한 명의 사용자가 이용할 수 있었으나 최근에는 복수 사용자가 거리와 상관없이 같은 가상 공간에 있는 것처럼 느낄 수 있고 소통할 수 있는 기술로 발전

2) 스마트카

스마트카는 자율주행(Autonomous driving)기능과 Connected Car기능이 합쳐진 개념으로 5G 시대의 대표적인 Killer 서비스라고 할 수 있다. 이 절에서는 5G 서비스와 스마트카의 연관성을 자세히 살펴보기로 한다.

① 5G와 스마트카의 결합

4G LTE환경에서는 네트워크의 지연 시간이 30ms정도 여서 아래의 시뮬레이션

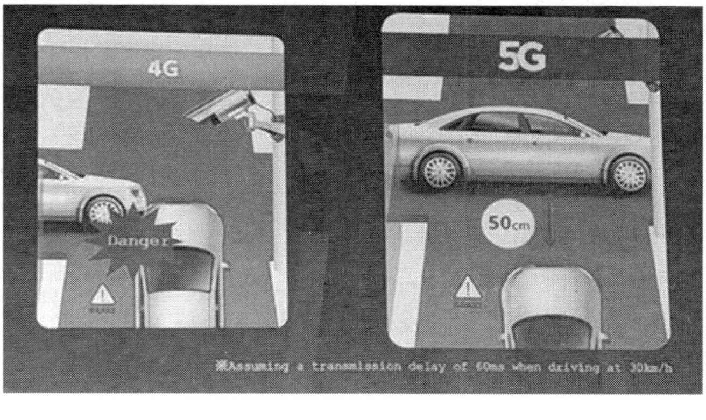

그림 7-16 5G의 초 저지연 서비스 효과

상황에서 사고가 발생하는데 비해 5G 환경에서는 네트워크의 지연 시간이 3ms로 대폭 줄어들어 사고가 발생하지 않는 것을 볼 수 있다. 5G의 초 저지연(Ultra low delay) 서비스가 주는 확실한 이점이다.

② 자율주행 기술 V2X(Vehicle-to-Everything)

차량이 도로 등 교통 인프라(사물)와 교통정보 등을 교환하여 교통의 효율성을 증대하고 운전자의 안전성을 높이기 위해 차량에 적용 가능한 모든 형태(차량, 인프라, 보행자, 단말 등)의 통신을 제공하는 서비스를 자율주행 기술이라 한다.

그림 7-17 자율주행 기술 V2X

가. V2V(Vehicle to Vehicle)

이동 중이거나 정차중인 자동차들이 신호나 데이터를 송수신하는 무선통신기술로, 앞차의 사고 등 운전하면서 발생할 수 있는 돌발상황을 뒤따라오는 차에게 전달해 연쇄 추돌을 방지하는 기술

그림 7-18 V2V (Vehicle to Vehicle), 출처: Automechanika Dubai

나. V2P(Vehicle to Pedestrian)

자동차와 보행자가 정보를 주고 받는 기술로서 보행자가 음악을 듣는지, 통화

중인지 등 스마트폰의 정보를 자동차에게 전달하고, 보행자에게도 자동차의 접근 사실을 알려주어 사고 발생을 미리 막아 주는 기술

그림 7-19 V2P (Vehicle to Pedestrian), 출처: Honda

다. V2N (Vehicle to Network)

자동차와 V2X 관리시스템 및 애플리케이션 서버와 통신하는 기술로서 주행 중인 길의 전방 상황, 사고 또는 차량 정체 등의 경고 정보를 받을 수 있다. 교통 정보를 확인하고 교통 상황에 맞춰서 운행할 수 있도록 하는 기술

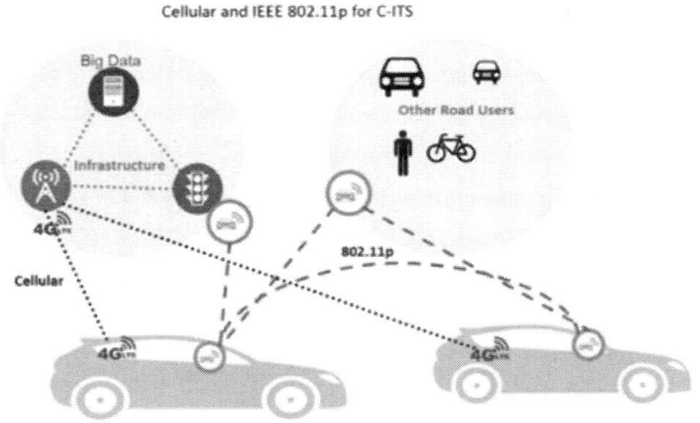

그림 7-20 V2N (Vehicle to Network),
출처: archive.eetasia.com

라. V2I (Vehicle to Infrastructure)

자동차와 도로 인프라 간에 무선으로 정보를 주고 받는 기술. 자동차에 설치된 통신 장비와 정보를 서로 교환하는 기지국을 도로 곳곳에 설치해 주행에 필요한 신호등 정보 및 사고 정보 등을 자동차에 제공하는 기술

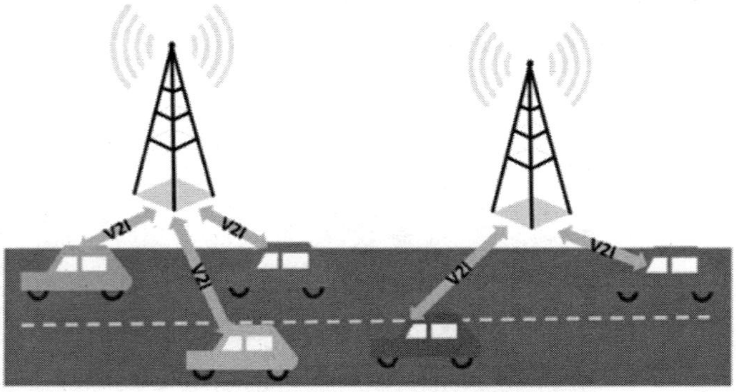

그림 7-21 V2I (Vehicle to Infrastructure), 출처: ResearchGate

마. 자율주행 레벨

앞에서 자율주행 기술인 V2X(Vehicle to Everything)를 살펴봤는데 이 기술이 적용되었을 때 주행 중 운전자의 개입이 필요한 정도를 나타내는 것이 자율주행 레벨이다.

V2X를 위해 자율주행차에 필요한 센싱 및 통신 장비는 다음 그림과 같다.

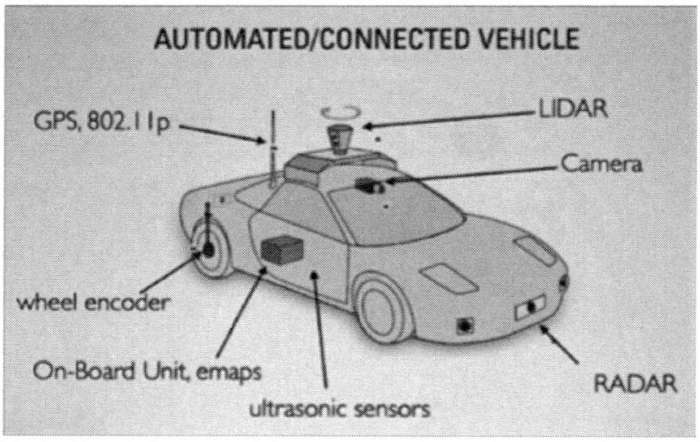

그림 7-22 Self-driving car

사람의 눈과 차량 센서를 비교하면 좌우 시야 범위와 시야 거리에서 큰 차이가 있다

시야 범위	사람	차량 센서
시야 각	220도	시야각을 크게 하기 위해 다수의 센서 필요
시야 거리	400m 이상 (140도)	280미터 (장거리 레이더)

다음 그림은 여러 상황에 대처하기 위한 시야 범위를 표현한다.

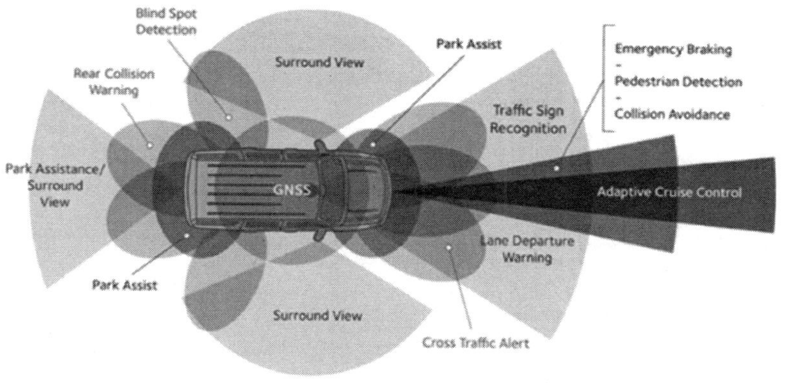

그림 7-23 자율주행을 위한 sensor 및 시스템

통상적으로 자율주행 레벨 4,5를 지원하기 위해 Radar가 10개 이상, Camera가 8대 이상, LIDAR(Light Detection And Ranging)가 1대 이상 필요하다고 한다.

아래는 자율주행 레벨에 대한 간략한 설명이며 다음 표는 자율주행 표를 나타낸다.

- Level 0: 자율주행과 관련 어떤 기술도 적용되지 않았다. 전적으로 사람이 운전한다.
- Level 1: 자동차 스스로 스티어링 휠을 돌리거나 가/감속만을 하며 대부분의 상황에서 사람이 운전대를 잡고 운전을 해야 한다.
- Level 2: 자동차 스스로 스티어링 휠을 돌리고 가/감속을 하며 특별한 상황에서만 사람이 운전한다.
- Level 3: 거의 대부분의 상황에서 자동차 스스로 운전하며 사람에게 운전을 요청하는 경우에만 사람이 운전하면 된다.
- Level 4: 대부분의 상황에서 운전자의 개입 없이 다양한 도로 조건과 운전 상황에 대응한다. 최근 구글의 자회사 Waymo가 미국 애리조나 피닉스시에서 자율주행 레벨 4의 택시 서비스를 시작했는데 인간 운전자와 같은 부드러운 운전을 보여주지는 못했다고 한다. 또한 T자형 도로에서 과감하게 들어가지 못하는 등 인간 운전자와는 다른 운전 방식이었다고 하는데 혼잡한 도로에서의 주행은 가능하지 않다고 한다.
- Level 5: 완전한 자율주행

자율주행 레벨에 대한 상세한 내용은 다음 표를 참고하기 바란다.

SAE level	SAE name	SAE narrative definition	Execution of steering and acceleration/ deceleration	Monitoring of driving environment	Fallback performance of *dynamic driving task*	System capability (*driving modes*)	BASt level	NHTSA level
Human driver **monitors the driving environment**								
0	No Automation	the full-time performance by the *human driver* of all aspects of the *dynamic driving task*, even when enhanced by warning or intervention systems	Human driver	Human driver	Human driver	n/a	Driver only	0
1	Driver Assistance	the *driving mode*-specific execution by a driver assistance system of either steering or acceleration/deceleration using information about the driving environment and with the expectation that the *human driver* perform all remaining aspects of the *dynamic driving task*	Human driver and system	Human driver	Human driver	Some driving modes	Assisted	1
2	Partial Automation	the *driving mode*-specific execution by one or more driver assistance systems of both steering and acceleration/deceleration using information about the driving environment and with the expectation that the *human driver* perform all remaining aspects of the *dynamic driving task*	**System**	Human driver	Human driver	Some driving modes	Partially automated	2
Automated driving system **("system") monitors the driving environment**								
3	Conditional Automation	the *driving mode*-specific performance by an *automated driving system* of all aspects of the *dynamic driving task* with the expectation that the *human driver* will respond appropriately to a *request to intervene*	System	**System**	Human driver	Some driving modes	Highly automated	3
4	High Automation	the *driving mode*-specific performance by an *automated driving system* of all aspects of the *dynamic driving task*, even if a *human driver* does not respond appropriately to a *request to intervene*	System	System	**System**	Some driving modes	Fully automated	3/4
5	Full Automation	the full-time performance by an *automated driving system* of all aspects of the *dynamic driving task* under all roadway and environmental conditions that can be managed by a *human driver*	System	System	System	**All driving modes**		

바. BMW 자율주행 기술

자율주행 차량을 이용하는 서비스 측면의 사용자 시나리오를 제시한데 의의가 있다.

- 'Pick Me Up', 스마트폰앱을 이용하고, 'Start ride'를 누르면 차량이 움직이고, 내부 디스플레이를 이용하여 콘텐츠, 쇼핑 등을 즐길 수 있다. 목적지에 도착하면 하차하게 된다. 차량 디스플레이와 스마트폰 사용성이 강조되는 완전자율주행 차량 서비스 시나리오로 볼 수 있다.

그림 7-24 BMW Self Driving Car

- 2021년에 레벨 3를 옵션으로 제공하는 차량의 상용화와 레벨 4차량을 시험

운행하는 로드맵을 제시하기도 했다.

그림 7-25 BMW Autonomous driving 기술

③ C-ITS (Cellular Intelligent Transport System)

아래의 그림은 독일에서 정의하고 있는 C-ITS에 속하는 서비스 시나리오들이다. 우리가 익히 알고 있는 내용이므로 설명은 생략한다. C-ITS의 내용이 중요한 것이 아니라 이 내용을 실제 적용하는 것이 관건이다.

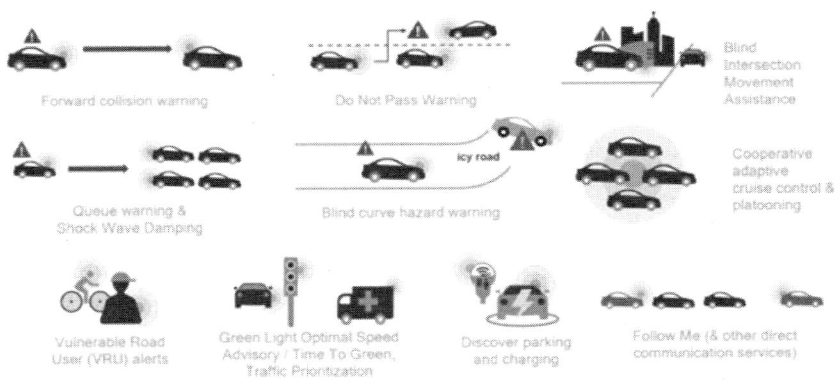

그림 7-26 C-ITS (Cellular Intelligent Transport System). 출처: Eit.uni-kl.de

8장

차세대 사물인터넷(IoT) 핵심 기술 요소

들어가기

이제 사람들은 터치없이 음성으로 IoT디바이스와 대화하거나 자신만의 제스처로 IoT 디바이스를 제어하기를 원한다. 이 추세에 맞추어 차세대 IoT디바이스는 Multi-modal I/F를 통해 사람과 대화하며, 똑똑한 사람 비서와 같이 다양한 업무를 수행할 수 있는 가상 비서 기능을 갖추어 가게 될 것이다. 또한 자체 프로세서를 활용하거나 클라우드 서버의 인공지능 기능과 빅데이터 분석을 이용해 사용자가 원하는 최적의 서비스를 제공 하려고 할 것이다. 따라서 가상 비서, 인공지능과 빅 데이터는 차세대 IoT디바이스의 핵심 기술 요소가 될 것이다. 이외에도 스마트카와 스마트홈 등 서로 다른 영역의 서비스를 연결하는 융합 서비스 제공이 또 다른 핵심 기술 요소가 될 것이다. 이런 융합 서비스를 가능하게 해 주는, 즉 서로 다른 영역의 서비스를 연결해 주는 가교의 역할을 하는 것이 IoT통신 프로토콜이다. 표준 IoT 통신 프로토콜인 OCF는 6장에서 상세히 다뤘으니 참고하기 바란다.

이 장에서는 차세대 사물인터넷 디바이스의 핵심 기술 요소가 될 인공지능, 가상 비서, 융합 서비스에 대하여 자세히 살펴 본다

자, 이제부터 가상비서, 인공지능과 융합 서비스를 열심히 공부하여 차세대 IoT디바이스 개발에 적용해 보자!!

앞 장에서 언급한 바와 같이 5G 통신 서비스가 이루어지면 IoT 디바이스가 클라우드 서버의 인공지능 플랫폼과 빅데이터를 지연없이 사용하게 되면서 개인화 서비스(Personalized Service)를 지원하는 가상 비서 기능이 강화되어 IoT 디바이스 사용자의 서비스 만족도를 획기적으로 개선할 수 있게 될 것이다. 여기에 더해 다른 서비스와의 매쉬업(Mashup) 서비스 더 나아가 다른 산업 영역과의 연동을 통한 융합(Convergence) 서비스 지원을 통해 상상했던 그 이상의 서비스가 지원되는 시대가 열릴 것이다.

이 장에서는 인공지능(AI), 가상 비서, 융합 서비스를 자세히 알아보고 임베디드 시스템 설계 장에서 살펴봤던 Arist Coffee Machine, Vanhawks 자전거, Chui Doorbell, Zerotouch, Vivomove HR등에 이 기능들이 접목된다면 어떤 사용 가치를 줄 수 있는지 알아보도록 하겠다.

개인화 서비스, 인공지능 & 빅데이터, 융합 서비스는 서로 중복되는 부분이 있으므로 개인화 서비스에서 소개되는 내용은 인공지능 & 빅데이터 사용, 융합 서비스를 사용하지 않는 부분으로 국한화하도록 했으니 양해하기 바란다.

8.1 인공지능(AI) – 딥러닝

머신러닝보다 발전된 형태인 딥러닝(Deep Learning)기법 중 시각데이터를 인식하는데 많이 쓰이며 최근 가장 폭넓고 깊게 연구되고 있는 회선 신경망(CNN; Convolutional Neural Network)의 원리와 동작 방식에 대해 살펴 본다.

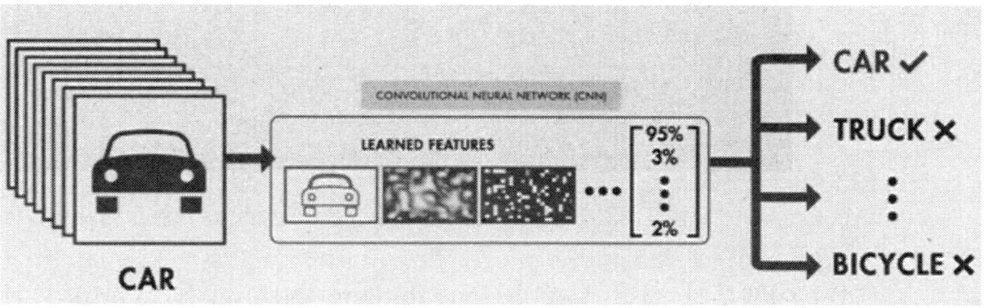

그림 8-1 회선 신경망(Convolutional Neural Network)을 이용한 이미지 인식

1) 뇌 신경세포의 구조

우리 말로 회선 신경망인 Convolutional Neural Network은 인간의 뇌 기억 방식을 모델링한 것으로 아래 뇌기억의 저장소인 시냅스(Synapse)와 뉴런(Neuron) 세포간

상호작용을 모델링한 것이다.

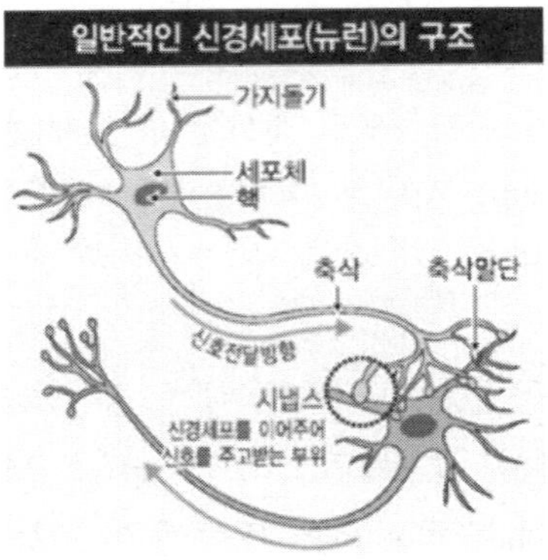

그림 8-2 뉴런(Neuron)과 시냅스(Synapse) 구조

학습과 기억중추인 해마에 있는 뉴런은 다른 뉴런 세포와 신호를 주고 받는 시냅스(Synapse)가 수천개로 매우 복잡한 네트워크 구조를 가지고 있다. 시냅스에 생기는 구조적 변화가 기억 현상이다.

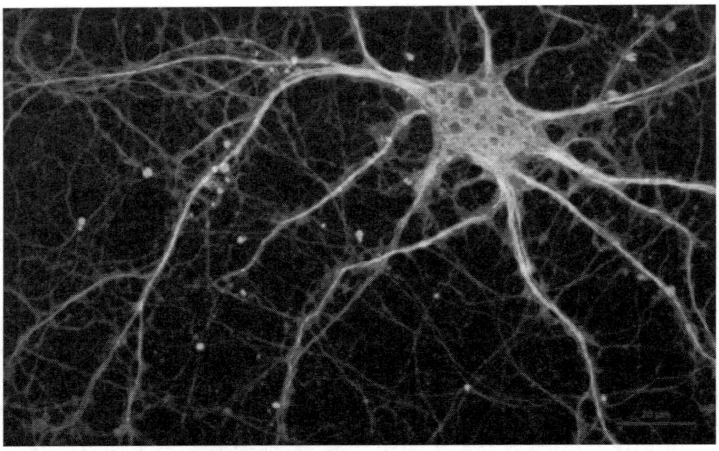

그림 8-3 뉴런(Neuron)과 시냅스(Synapse)의 실제 모양

그러면 이제부터 회선 신경망(Convolutional Neuron Network)이 어떻게 Synapse와 Neuron을 잘 모델링하고 있는지 살펴보고 기억은 어떻게 구성되며 기억에 따라 어떻게 물체를 인식하는지 살펴보기로 한다.

2) 회선 신경망(Convolutional Neural Network)

① 전체 구성 및 동작 설명

회선 신경망은 뇌의 기억 저장구조인 뉴런(Neuron)과(에 연결된) 시냅스(Synapse)를 모델링한 것으로서 아래 그림과 같은 구조를 갖고 있다.

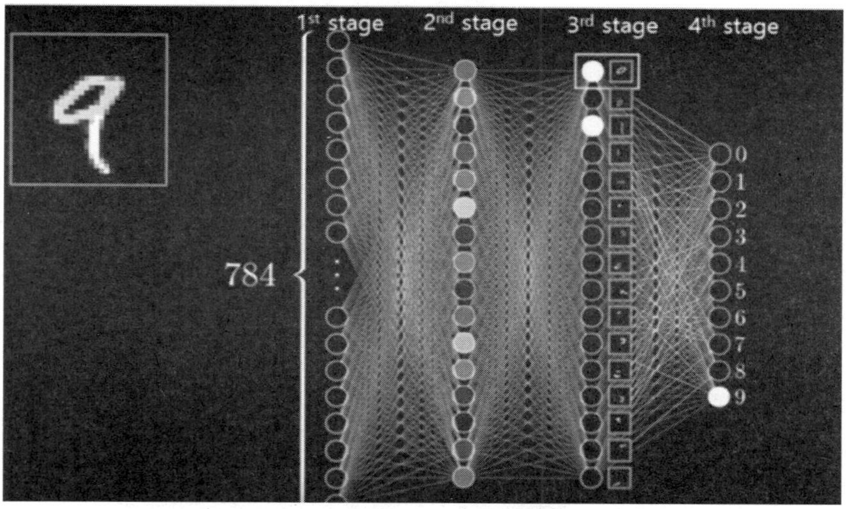

그림 8-4 회선 신경망(Convolutional Neural Network) 구성 및 동작 방식

② Stage: 첫번째 Stage(입력)와 마지막 Stage(출력)

제일 왼쪽 열의 node(동그라미 모양)들은 1st Stage를 구성하고 이 알고리즘의 입력 값을 갖는다. 1st Stage 의 node들은 가로 28, 세로 28로 구성된 이미지의 784개 Cell들에 대한 정보를 갖게 된다. 네번째 열의 node들은 4th stage를 이루고 알고리즘의 출력 값을 나타낸다. 1st Stage에서 입력 받은 각 Cell에 대한 정보를 처리하여 2nd Stage와 3rd Stage의 프로세싱을 거쳐 입력 이미지에 해당하는 node가 활성화(Activation)되는 방식이다. 이 알고리즘의 node가 갖는 값을 Activation값이라고 하고 node와 node가 연결된 선이 갖는 값이 Weight값이다. 첫번째 Stage의 각 Node는 두번째 Stage의 각 Node에 전부 연결되는 full connect구조를 가진다. 1st Stage의 각 Node가 갖는 값이 activation 값이다. 이 정보의 값은 아래 그림에서 보듯 중심부는 진한 색을 갖게 되고 이미지의 주변부는 흐릿한 색을 갖는데 진한색은 1에 가깝고 흐릿한 색은 0에 가까운 값을 갖게 된다. 첫번째 Stage에서 각 Node들의 값, 즉 Activation값은 진한 정도를 나타내는 값이다.

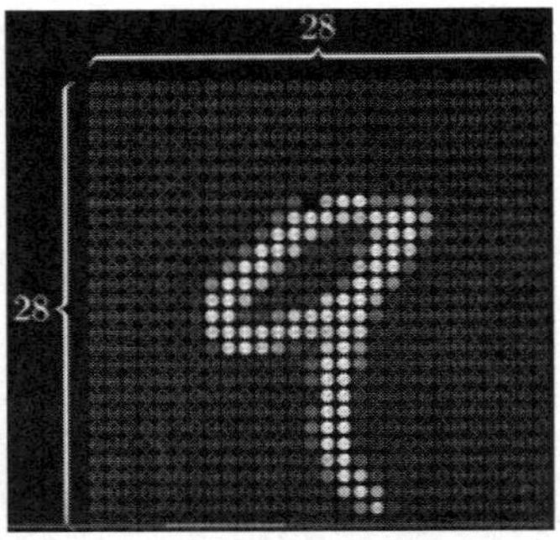

그림 8-5　1st Stage의 Node들의 값인 입력 데이터

마지막 Stage의 Activation값은 그 Node가 가리키는 이미지에 얼마나 근접한지를 나타내는 값이 된다. 즉 이 CNN 알고리즘은 마지막 stage에서 지금 읽어 들인 이미지가 어떤 이미지인지를 최종 판단하게 된다. 숫자9가 적힌 이미지가 Stage 1으로 읽혀지면 내부 과정, 즉 두 번째, 세번째 Stage를 거쳐 마지막 Stage에서 9를 가리키는 Node가 활성화 (Activation) 되는 구조로 되어 있다.

숫자 9는 아래 그림에서 보는 바와 같이 0과 1의 모양이 있는 패턴이 합쳐진 것으로 볼 수 있다.

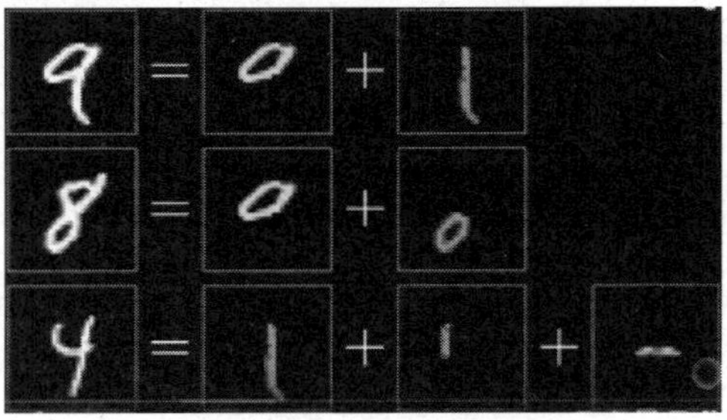

그림 8-6　각 숫자의 구성 요소

즉 3rd Stage에서 프로세스싱을 거쳐 0과 1의 모양이 Activation되었다면 4th stage에서 9가 Activation되게 하는 것이 이 알고리즘(CNN)의 핵심이다.

1st Stage와 마지막 Stage (4th stage) 사이에 있는 Stage들을 hidden layer라고 하는데 hidden layer의 마지막 stage인 3rd Stage에서 숫자9를 구성하는 0과 1 모양이 Activation되었을 때 4th stage에서 9가 activation되게 되는데, 그러면 여러분도 이미 짐작하시겠지만 1st Stage와 2nd Stage에서는 0과 1을 이루는 각각의 패턴을 가진 node들이 Activation되도록 이 알고리즘은 동작할 것이다.

이제 숫자 9를 구성하는 0과 1이 두번째 Stage와 세번째 Stage에서 어떻게 Activation되는지 살펴보기로 한다.

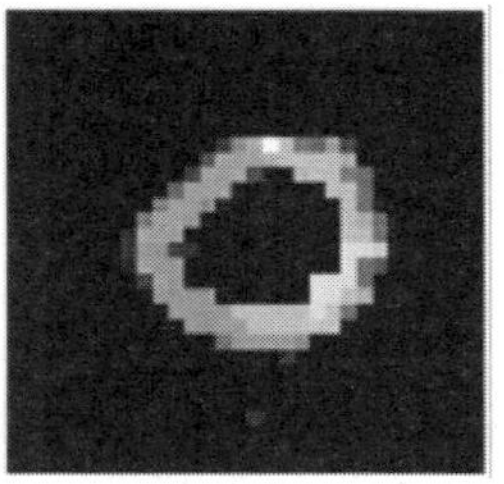

그림 8-7 숫자 이미지 '0'의 분해

0은 아래의 다섯 개 이미지 패턴으로 구성되어 있다.

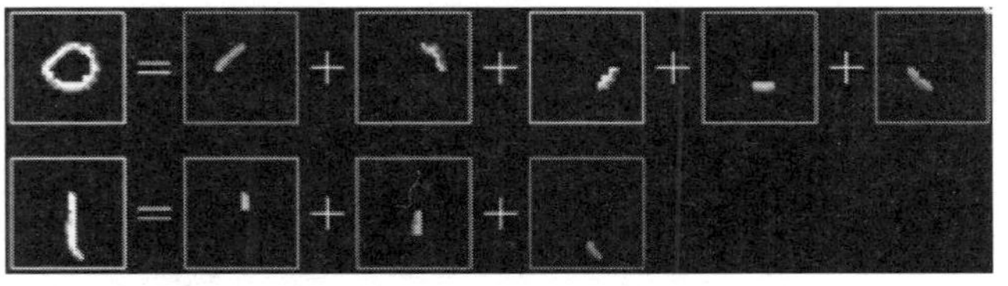

그림 8-8 숫자 이미지 '0'의 구성 요소

이 다섯개의 이미지 패턴의 Activation값이 높게 나오면 다음 stage에서 숫자 o에 대한 Activation값이 높게 나오게 동작해야 이 알고리즘이 잘 동작하고 있다고 볼 수 있다.

- Activation Value

  1st Stage에서 각 Node의 Activation 값은 카메라 이미지센서로부터 받은 각 Cell의 값이 된다. 각 노드의 진하고 흐린 정도에 따라 값을 정하게 된다. 숫자 이미지의 중심부에 속하는 Cell은 1에 가까운 값을 갖게 되고 주변부에 속하는 흐릿한 부분에 속하는 Cell은 0에 가까운 값을 갖게 된다.

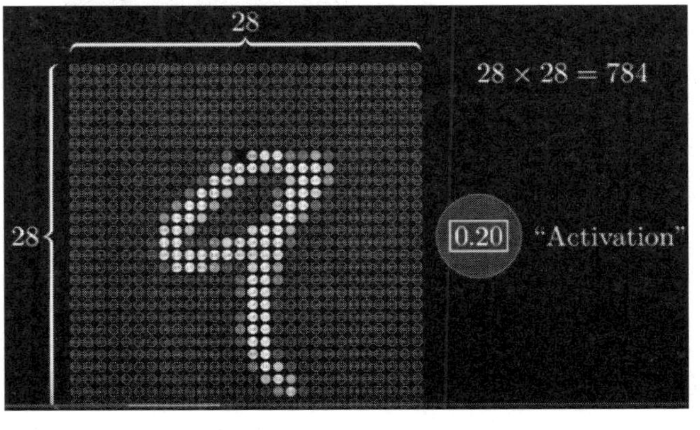

그림 8-9 1st Stage의 Activation값의 크기는 각 dot의 진한 정도

③ Weight 의미

이러한 1st Stage와 2nd Stage의 각 Node들을 Fully connect(상호간 모두 연결시킴)하면

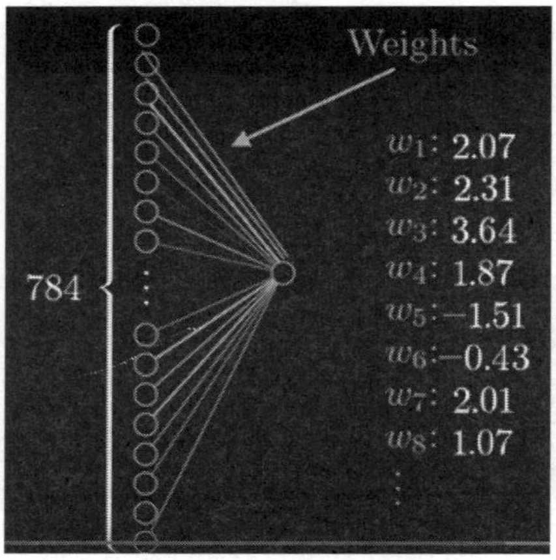

그림 8-10 CNN에서 Weight 의미

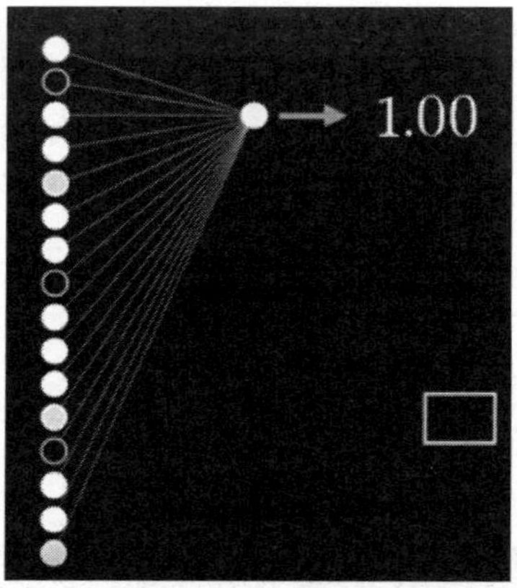

그림 8-11 $a_1w_1 + a_2w_2 + a_3w_3 + ... + a_nw_n$ 값이 1에 가까우면 Activation되었음을 의미

아래의 수식이 만들어지고 이 값은 다음 stage의 해당 Node의 Activation값이 된다.

$$a_1w_1 + a_2w_2 + a_3w_3 + ... + a_nw_n$$

이 값은 0 ~ 1 사이의 값을 가지며 1에 가까운 값이 되면 Activation되는 것으로 볼 수 있다.

1st Stage와 2nd Stage에서 이런 일이 일어난다.

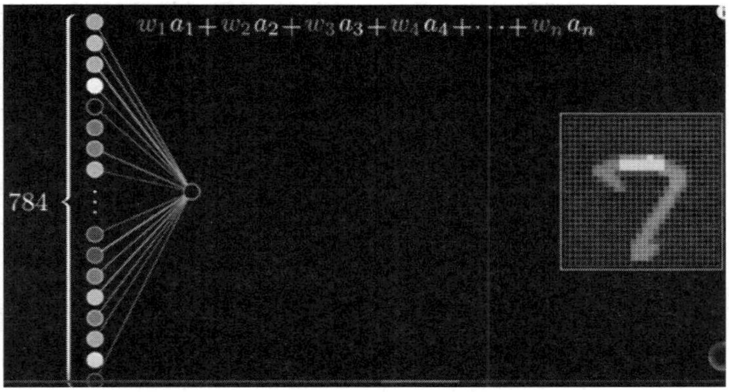

그림 8-12 1st Stage의 $a_1w_1 + a_2w_2 + a_3w_3 + \ldots + a_nw_n$ 값의 의미

1st Stage의 모든 node들을 2nd Stage의 각 Node에 연결된 값 즉 $a_1w_1 + a_2w_2 + a_3w_3 + \ldots + a_nw_n$ 이 값이 2nd Stage의 해당 Node가 갖는 값이 된다.

여기서 1st Stage의 각 node가 갖는 값들은 카메라 이미지센서로부터 받은 각 Cell의 값이 되므로 이 값들이 2nd Stage의 node에 잘 matching되도록 weight값을 잘 설정해야 한다.

처음 값은 9가 정자체로 쓰이었을 때, 해당 부분 값을 갖고 있는 Node가 Activation되고 다양한 형태의 숫자도 인식할 수 있도록 학습되어야 한다.

④ Bias 의미

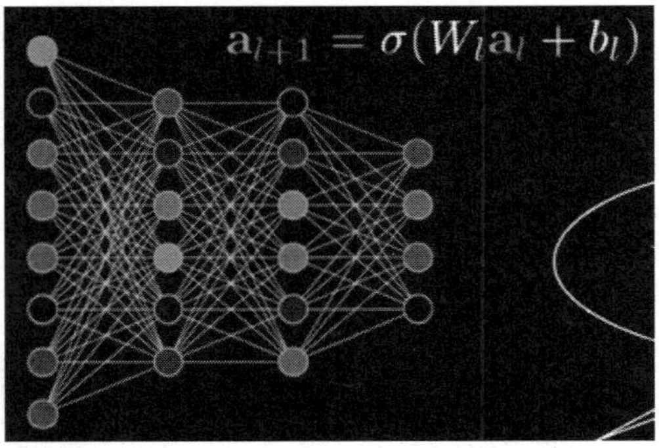

그림 8-13 Bias는 Activation값을 보정

Bias는 Activation 값을 보정하는데 사용되며 보통 −4에서 4의 값을 갖도록 Bias 값이 설정된다.

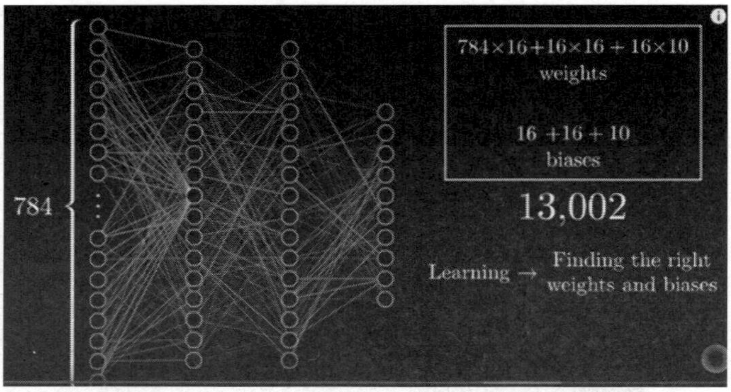

그림 8-14 CNN 학습 과정에서 Weight와 Bias값 변화의 의미

이러한 CNN 알고리즘은 적절한 Weights값과 Bias값을 찾아가는 과정이라고 할 수 있다.

⑤ Sigmoid Function

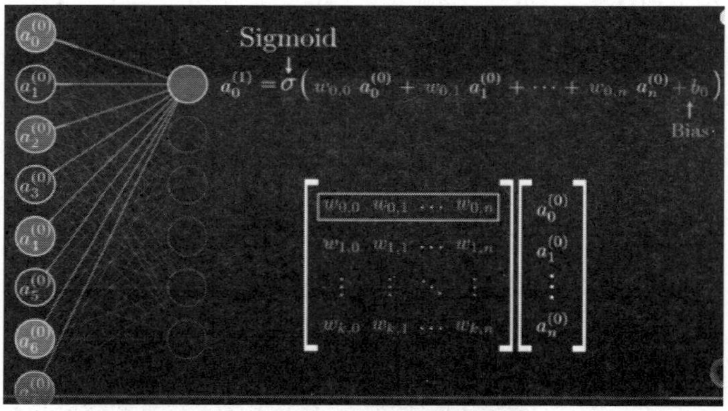

그림 8-15 Sigmoid Function 사용

이렇게 더하면 실제로는 1이상의 값이 나오게 된다. 그래서 Bias값을 사용해야 한다.

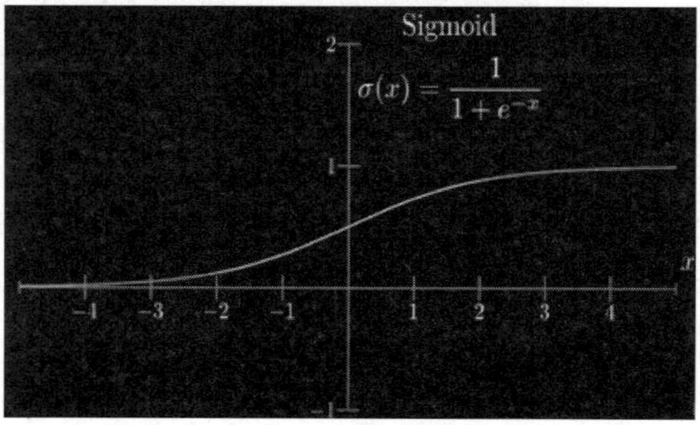

그림 8-16 Sigmoid function값의 의미

Sigmoid function은 x값을 0 ~ 1을 갖는 y값으로 변환하기 위해 사용한다.

⑥ 예제

그림 8-17 사진 이미지와 특징을 추출한 이미지

그림 8-17의 왼쪽 이미지로부터 필터를 이용해 오른쪽의 특징 데이터를 뽑아낸 후, 입력 이미지들과 비교하는 작업을 통해 CNN 알고리즘을 구현한 프로그램을 정교하게 만들어 갈 수 있다.

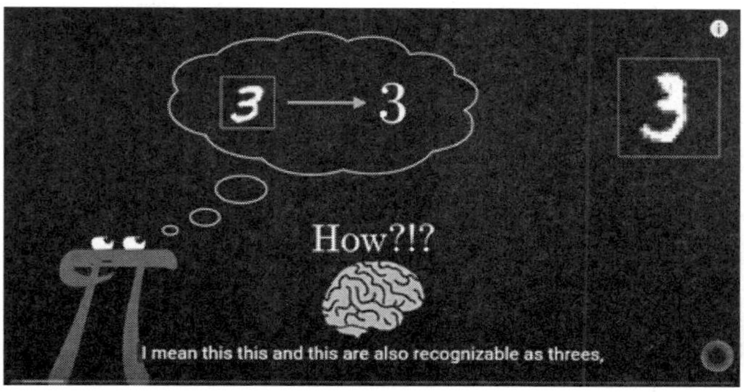

그림 8-18 Deep Learning 강좌

8.2 가상 비서

1) 가상 비서란?

사용자 행동 관찰 및 데이터 수집, 사람과 컨텐츠 맥락에 대한 추론 모델 구성, 사용자의 요구 예측, 사용자에게 미치는 영향과 혜택을 이해하여 자율적으로 역할을 수행하는 인공의 비서
−Gatner(2014)

사용자의 음성(문자) 명령에 따라 클라우드로 연결된 스마트폰, 태블릿, 컴퓨터 또는 특정 디바이스를 통해 정보를 제공하거나 업무를 수행하는 소프트웨어 애플리케이션
–Gartner (2016)

2014년에 가트너는 다소 모호하면서 실제 개발이 어려운 '사용자 행동 관찰', '사람과 컨텐츠 맥락에 대한 추론 모델 구성', '사용자의 요구 예측', '사용자에게 미치는 영향과 혜택을 이해하여 자율적으로 역할을 수행' 등의 표현을 사용해 가상 비서를 정의하고 있다. 하지만 2016년에는 현재의 기술로 충분히 가능한 '사용자의 음성(문자) 명령'을 인식하여 '클라우드로 연결된 스마트폰, 태블릿, 컴퓨터 또는 특정 디바이스를 통해 정보를 제공'하는 소프트웨어 애플리케이션으로 정의하고 있다. 아래 그림에서 보는 바와 같이 2016년에 음성대화 인식은 이미 실용화되었고 2018년 현재는 자연어 질의 응답도 실용화되었다고 볼 수 있다.

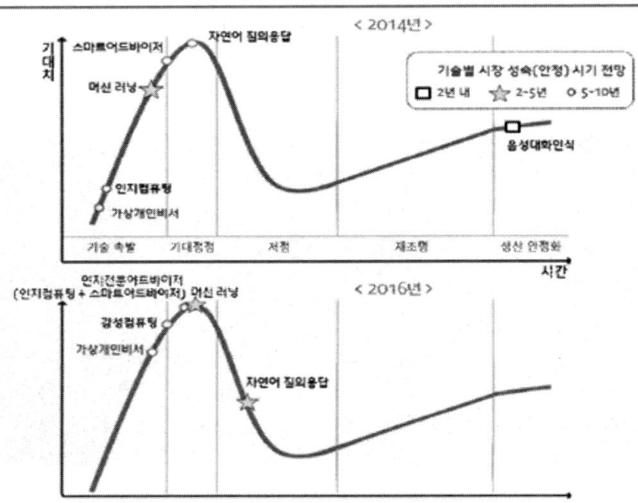

자료 : Gartner(2014.7, 2016.7) 재구성

그림 8-18 인공지능분야 기술별 시장 성숙 시기 전망, 출처: 기술정책단

2) 가상 비서 예

① 챗봇(chatbot)

챗봇은 음성 비서와 달리 음성과 자연어에 대한 인식률이 높지 않아도 되고 텍스트만 인식하면 되므로 상대적으로 기술적 난이도가 낮고 활용이 어려운 서비스분야에도 적용될 수 있다. 전문가들은 향후 앱 중심의 스마트폰 생태계에서 봇 중심으로 생태계가 전환되면서 앱스토어가 사라지고 봇스토어로 대체될 것으로 예상하고 있다.

페이스북 '메신저봇'	구글 '알로'	Kik 'BotShop'

무료변호사 '두낫페이'는 주차 위반 16만 건 취소에 기여	사용자 취향에 맞춘 맛집 추천	'@ 회사명'을 입력하면 해당 챗봇 동작

② Hound

서비스 도메인 간의 대화 문맥(주로, 장소 정보 공유) 을 유지하여, 기존 개인 비서(시리, 구글 어시스턴트 등)에 비해 우수해 보임.

다음의 질의를 보냈을 때

"show me four or five star hotels in seattle for three nights starting on Sunday between a hundred fifty dollars and two hundred fifty dollars a night"

아래와 같이 사용자 발화 중의 일부 음성인식 이후, 주제(도메인)를 선택하여 선택된 도메인 내에서 음성을 인식하고 이에 대한 적절한 응답을 주는 것이 특징이다.

"where is golden bridge": map domain
"show me a good hotel near there": hotel search domain
"tell me a joke": chat
"which one provide free Wi-Fi" : hotel search domain (cont.)
"how's the weather there": weather information
"show me the cheapest one": hotel search domain (cont.)
"how can I get there": map domain - golden bridge까지의 길 안내

그림 8-19 Chatbot Hound

③ Amy

사용자가 메일 참조 목록(CC)에 'Amy@x.ai'를 넣으면 가상 개인비서 Amy 사용 예시 이메일과 같이 사용자의 일정을 관리해준다.

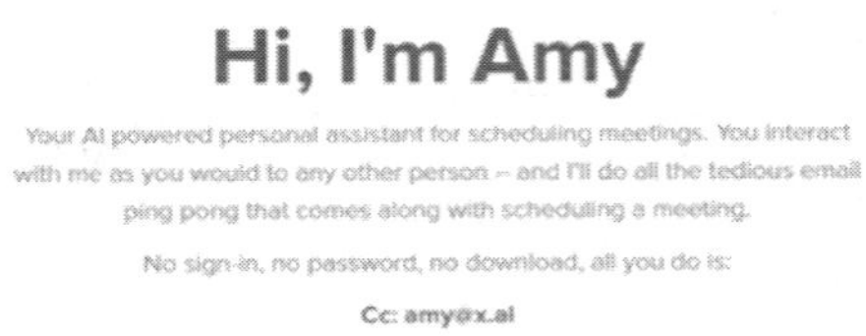

그림 8-20 Chatbot Amy

3) 가상 비서 생태계

① 아마존 Alexa

스마트홈 허브 역할을 하는 스피커 '에코'와 연동하여 전자상거래와 클라우드 생태계 정보를 기반으로 서비스를 제공한다. 비교적 먼 거리(가정 내)에서의 음성명령에 대한 인식 및 이해도가 높은 것으로 평가된다.

스마트폰	스마트홈	스마트카

음성비서 Alexa가 탑재된 화웨이 Mate 9	스마트홈 LG ThinQ에서 동작하는 Alexa	Alexa가 동작하는 기기 마마존 Fire HD 10을 차에 탑재

② IBM Watson

IBM은 아마존, 구글과 같이 인공지능스피커를 판매하지 않아서 일반 사람들의 인지도가 낮지만 의료, 법률, 금융, 게놈연구, 포털 호스피텔리터 등의 다양한 분야에서 인공지능서비스를 제공하고 있다.

의료(암진단)	법률(변호사)	금융(분석)	과학(게놈연구)

메모리얼 슬론캐터링 암센터 암진단	인공지능 ROSS 파산 변호	싱가포르 개발 은행(DBS) 투자 및 자산 관리	환자별 맞춤 치료가 가능한 게놈 연구

4) 가상 비서 생태계 구축 전략

아마존, 구글, 삼성, Apple 등 세계 굴지의 IT 회사들의 생태계 구축전략은 아래 표를 참조하기 바란다.

IT 회사	가상 비서를 이용한 생태계 구축 전략
아마존	- 알렉사 활용의 최종 목표는 가정 내 어디에서나 쇼핑에 몰입할 수 있는 환경을 제공함으로써 더 쉽고 빠르게 아마존 전자상거래를 이용할 수 있도록 하는 것 - 궁극적으로 알렉사 서비스 탑재 디바이스 및 서비스 확대를 통해 소비자 정보를 아마존 클라우드에 저장하고, 아마존의 소비자를 더욱 정밀하게 분석하기 위한 도구로 활용
구글	- 어시스턴트를 통해 구글 검색 서비스의 사용자를 늘리는 것이 목표 - PC나 스마트폰에 검색어를 입력하는 일 없이 구글 워치, 구글 홈과 무인 자동차 등을 통해 자연스런 대화만으로도 정보를 제공하는 것이 목표("From Search to Conversation")
삼성전자	스마트폰 가상개인비서를 통한 인공지능 인터페이스에 세탁기와 냉장고 등 자사 가전제품을 연동하여 사물인터넷 생태계를 구축한다는 계획
Apple	타사의 앱들과 연계성을 강화하고IoT 가정 가전 디바이스와의 연계성을 강화시켜 Siri로 모든 일을 가능케 하는 'Siri 생태계' 구축 예정

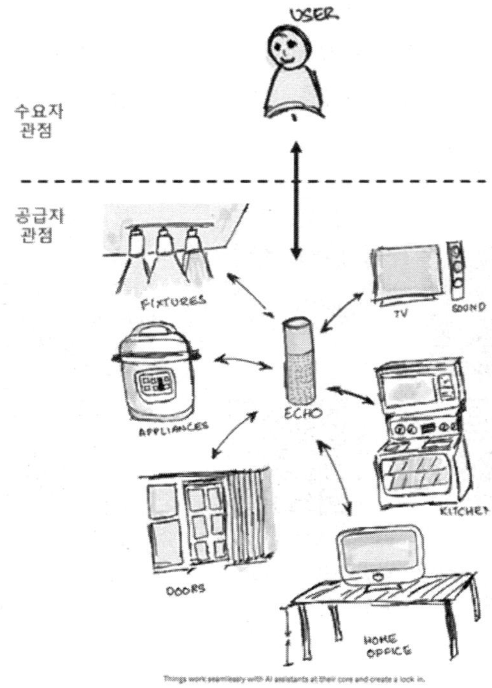

그림 8-21 서로 다른 관점의 가상 비서 요구 사항

가상비서 생태계 구축전략은 공급자 관점이고 아래와 같이 수도자 관점에서도 가상비서를 생각해 볼 수 있다.

- 수요자 관점에서는 진화된 커뮤니케이션을 기대한다. 쇼핑을 도와 주거나 여행에 필요한 정보를 제공하거나 일상적인 대화를 나눌 수 있는 현재의 가상 비서가 할 수 있는 것보다 폭 넓은 영역에서 사용자가 원하는 정보를 제공할 수 있는 똑똑한 가상 비서를 원한다.
- 공급자 관점에서 가상 비서는 트로이의 목마와 같은 플랫폼으로서 역할을 기대한다. 가상 비서가 채택이 되면 그 뒷단에 있는 생태계가 함께 채택이 되는 것을 의미한다. 이것이 아마존, 구글, 삼성이 가상 비서에 올인하는 이유다.

5) 관련 기술

가상비서의 발전방향을 고려해 볼 때, 아래와 같이 Multi-modal I/F, 상황인식, 습관·행동패턴분석, 융합서비스 기술이 필요하다.

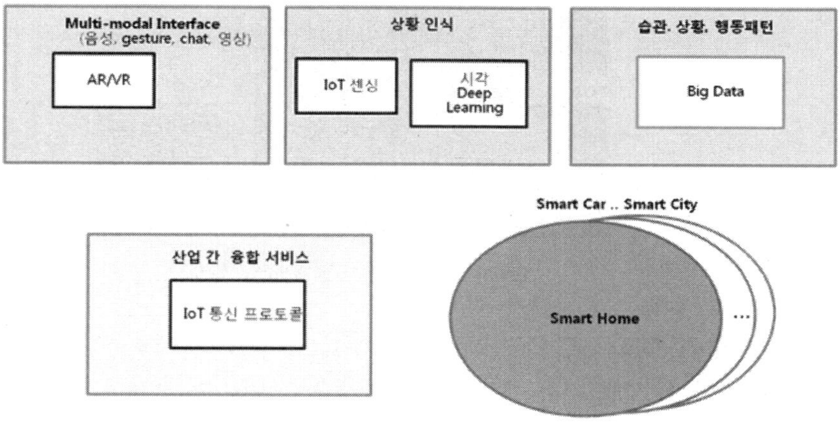

그림 8-22 가상 비서 관련 기술

- Multi-modal Interface: 음성, gesture, chat, 영상
- 상황 인식: IoT sensing, 딥러닝 시각 기술
- 빅데이터: 습관 상황 행동패턴
- IoT 통신 프로토콜: 산업간 융합 서비스를 가능하게 해 주는 통신 프로토콜

6) 발전 방향

가상 비서의 발전 방향을 한마디로 얘기하면 포스트 애플리케이션 시대(Post-App Era)가 될 것이다.

① 다양한 형태와 용도의 가상 비서 컨셉의 지능형 디바이스 등장

그림 8-23 아마존 Echo dot

그림 8-24 Verdera 욕실 거울

그림 8-25 Modiface Mirror 플랫폼

인공지능의 대표 모델로 개인 비서가 부각되면서 ICT 기업들간 경쟁이 가시화될 것으로 보이며 개인비서 주도권 확보 경쟁은 플랫폼 중심으로, 스마트폰을 넘어 스마트홈(스피커, 가전), 스마트카 등으로 확산되는 융합화 과정을 거칠 것이다. 이런 상황 속에서도 아마존 Alexa를 가상 비서로 채택하고 가상 부엌비서라 불리는 Kohler Konnect를 탑재한 Verdera 욕실 거울이나 여성의 화장을 도와 주는 Modiface Mirror 플랫폼등 일상 생활에 쉽게 접목되는 가상 비서를 활용하는 디바이스들이 많이 등장할 것이다.

② 스마트폰 이용시에 가상 비서만을 사용하게 될 것

2020년에는 휴대폰 사용자 40% 이상이 앱이 아닌 가상 비서를 사용하게 될 것으로 가트너는 예측하고 있다. 가상 비서의 한 종류로 볼 수 있는 봇(Bot)도 많이 사용될 것이다.

③ 다양한 업무가 가능한 개인 비서가 개발될 것이다.

현재는 Hound가 4개 정도의 domain을 넘나 들며 사용자와 대화를 나눌 수 있지만

"where is golden bridge": map domain
"show me a good hotel near there": hotel search domain
"tell me a joke": chat
"which one provide free Wi-Fi" : hotel search domain (cont.)
"how's the weather there": weather information
"show me the cheapest one": hotel search domain (cont.)
"how can I get there": map domain - golden bridge까지의 길 안내

앞으로는 여행 관련 해서 Map domain, Hotel Search domain, Transportation domain - rent car, train, bus, airplane, Activity domain, Information등의 domain을 넘나 들며 사용자의 요구를 처리하는 가상 비서가 등장할 것으로 전망된다. 적어도 Stubby Planner 정도의 기능이 가상 비서를 통해서 이용 가능해질 것으로 전망된다.

상상 속 여행을 현실로
STUBBY Planner

④ 일상적인 의사 소통이 가능한 가상 비서가 개발될 것이다.

가장 진화된 형태의 HCI(Human-Computer Interaction) or HMI(Human-Machine Interface)를 갖게 될 것이다.

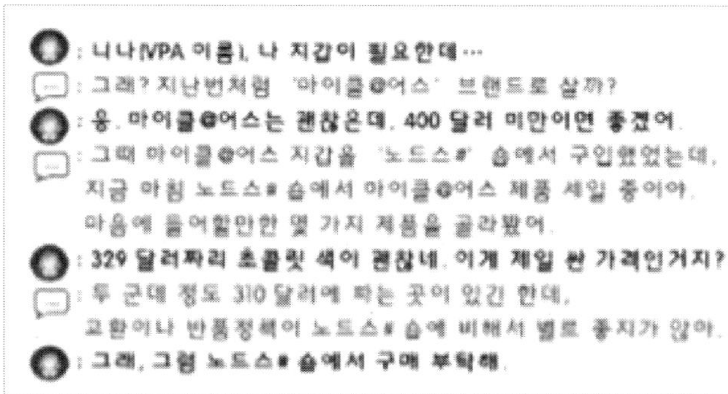

8.3 융합 서비스

이 책의 앞 부분에서 융합 서비스라는 용어를 몇 번 사용했는데 여기에서 분명하게 정의하기로 한다. 융합 서비스는 IoT(사물인터넷)가 본격적으로 사용되기 전과 후의 의미가 많이 달라져서 그것을 기준으로 구분하는 것이 좋을 듯 하다.

IoT(사물인터넷)가 본격화 되기 전 융합 서비스(Convergence Service)는 아래와 같이 정의되었다.

독립적으로 제공되는 여러 서비스들의 주요 기술, 미디어, 제공 방법들을 결합하여, 사용자들에게 새로운 형태의 가치를 제공해 주는 서비스

IoT(사물인터넷)가 대중화된 이후로는 아래와 같이 정의되고 있다.

서로 다른 산업 영역을 연결하므로써 사용자에게 보다 편리하고 높은 사용 가치를 제공해 주는 서비스

이는 아마도 IoT(사물인터넷) 자체가 이전 융합 서비스가 갖고 있는 의미를 대부분 만족시키고 있다는 점과 현재 우리 삶의 각 영역(산업)의 시스템이 많이 발전하여 어느 정도 서비스 플랫폼을 갖춰 가고 있기에, 융합 서비스가 서로 다른 산업영역을 연결해서 사용자에게 편리하고 부가적인 가치를 제공하는 서비스로 그 정의가 수정·발전된 것으로 판단된다.

융합 서비스의 예를 들면, 스마트카에서 스마트홈의 가전 제품을 제어하거나 스마트워치(Wearable)을 사용하여 스마트홈의 가전 제품을 제어하는 등, 서로 다른 산업에 걸친(Cross industry)서비스를 말한다.

(1) 스마트카 – 스마트홈 융합 서비스

이 영역간 융합 서비스는 주로 가상 비서를 통해 이루어진다 이 융합 서비스의 매개체가 가상 비서가 될 수 밖에 없는 이유는 가상 비서가 스마트홈과 스마트카에서 고객 접점 플랫폼으로서의 위치를 확고히 했기 때문이다.

① 차에서 집의 에어컨을 제어하는 융합 서비스

Alexa와 같은 가상 비서가 차에서 사용자의 음성을 인식하여 집에 있는 가전을 제어하는 방식으로 이루어 진다. 이 경우는 서비스 히스토리를 관리할 필요가 없다.

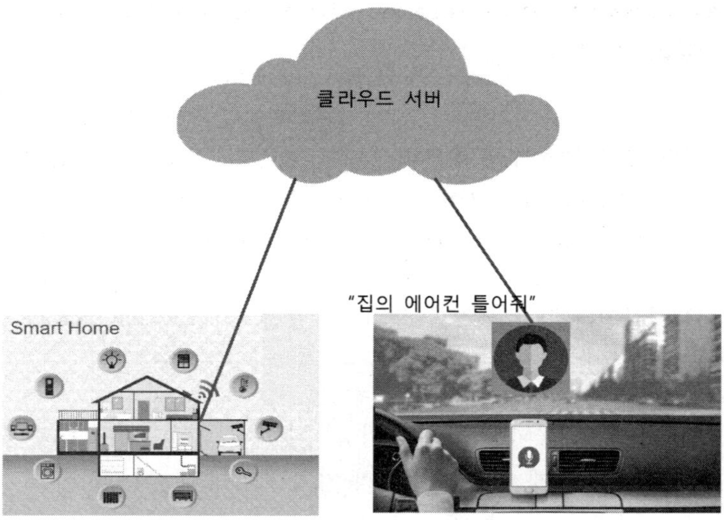

그림 8-26 실시간 스마트카 – 스마트홈 융합 서비스

② 집에서 듣던 음악을 차에서 듣게 해 주는 융합 서비스

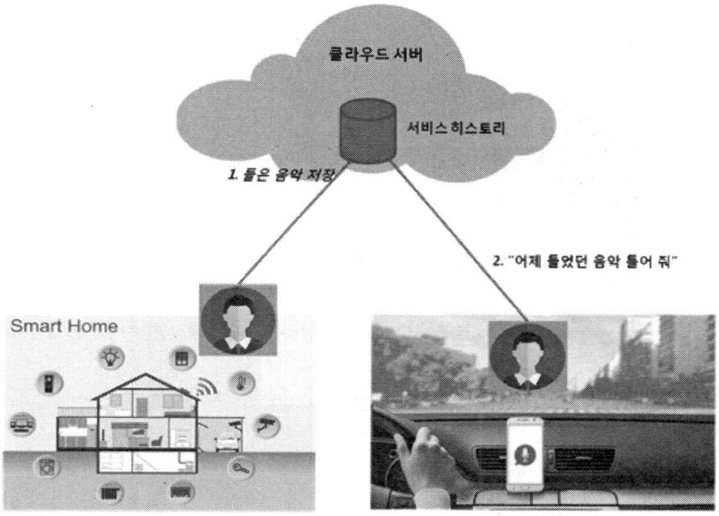

그림 8-27 서비스 히스토리를 이용한 가상 비서간 연동

어제 집에서 가상 비서에게 요청해서 들었던 음악을 오늘 출근길에 다시 듣기 원한다면 가상 비서에게 '어제 들었던 음악 틀어 줘" 라고 얘기만 하면 된다. 이런 융합 서비스가 지원되기 위해서는 클라우드 서버에 어제 내가 들었던 음악 리스트의 형태로 서비스 히스토리 내에 관리되어야 하고 가상 비서가 사용자의 음성 명령을 알아 듣고 음악 리스트를 찾고 이 음악을 다운로드나 스트리밍 방식으로 제공해야 한다. 이 서비스를 제공하기 위해서는 스마트홈을 지원하던 가상 비서와 스마트카의 가상비서가 클라우드 서버에 있는 서비스 히스토리를 공유해야 한다.

이렇게 가상 비서가 스마트홈과 스마트카에서 사용되면, 가까운 미래에 스마트홈-스마트카의 서비스가 하나로 합쳐지는 결과를 가져오게 될 것으로 예상되며 집에서 하던 것을 그대로 차에서 할 수 있게 될 것이다. 스마트홈과 스마트카에서 더 나아가 우리 삶의 많은 영역에서 융합서비스가 Seamless하게 제공될 것이다.

(2) 스마트카 – 도시 인프라스트럭처간 융합 서비스

이미 자율 주행 기술의 한 부분인 V2X 중 V2I는 자율주행차와 도시 인프라스트럭처간 실시간 교통 상황, 돌발 상황 등의 정보를 교환하여 자율주행의 레벨을 높여가고 있으며 V2P(Vehicle-to-Pedestrian)도 도보자의 스마트폰에서 웨어러블(시계, 의상 등)로 진화해 갈 것이기에 V2X 대부분의 기술이 융합 서비스 범주에 속하게 될 것으로 예측된다.

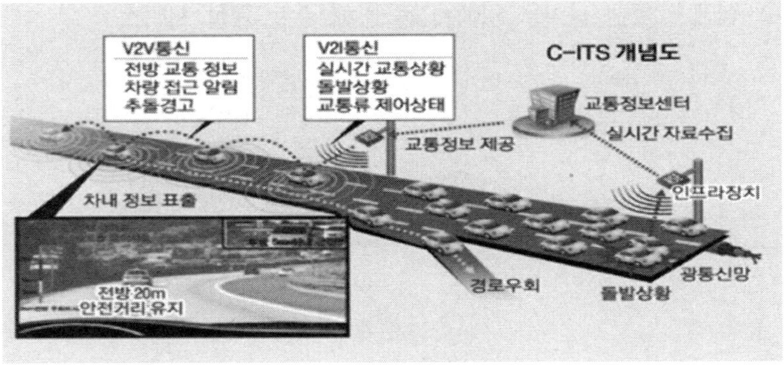

그림 8-28 Smart Car, 도시 Infrastructure간 융합 서비스

(3) 자전거와 스마트폰, 웨어러블 간 융합 서비스

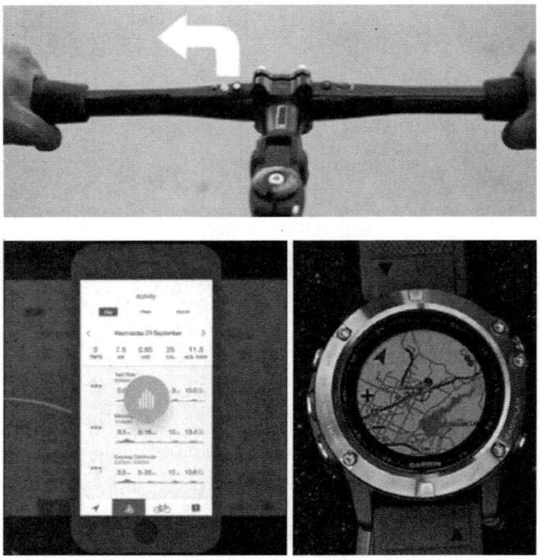

앞에서 살펴봤던 스마트자전거인 Vanhawks 자전거도 스마트폰과 연동될 뿐만 아니라 스마트 스포츠워치와 연동되어 향후 산악 자전거 트래킹에도 유용하게 사용될 수 있을 것이다.

8.4 차세대 IoT 핵심 기술 요소를 적용한 임베디드 시스템

이 절에서는 Arist Coffee Machine, Vanhawks 자전거, Chui Doorbell, Zerotouch, Vivomove HR등의 IoT 디바이스에 가상 비서, 개인화 서비스, 융합 서비스, 인공지

능 & 빅데이터 기능이 접목되었을 때 사용자에 어떤 사용 가치를 줄 수 있는지 알아보도록 하겠다. 독자들은 차세대 IoT 디바이스들의 모습이 어떨지 상상하며 이 절을 살펴보기 바란다.

1) Arist Coffee Machine

① 개인화 서비스(Personalized Service)

Arist Coffee Machine에 개인화 서비스(Personalized Service) 기능이 제공되면 개인의 취향을 고려한 Coffee가 제공되게 된다. 개인화 서비스는 음성 인식을 통해 제공된다. 즉 Arist Coffee Machine을 사용하는 사용자가 여러 명 있을 경우에 지금 order한 사람이 누군지 인식하여 대응하게 되는 것이다.

② Mashup Service or 융합 서비스(Convergence Service) 연동

사용자가 평소에 자주 마시는 커피가 별로 남지 않았을 경우에 사용자의 의사를 확인하여 가격이 싸고 품질이 좋은 커피를 판매하는 사이트에 커피 주문을 넣는다.

③ 인공지능, 빅데이터

현재 시간, 날씨와 목소리 톤을 분석한 후 사용자의 상황과 컨디션에 어울리는 커피를 추천하는 서비스를 제공할 수 있다.

2) Vanhawks 자전거

① 개인화 서비스(Personalized Service)

개인 음성 인식으로 Auto Lock 기능을 제공한다.

② Mashup Service or 융합 서비스(Convergence Service) 연동

사용자에게 Riding 용품 추천 서비스를 제공한다.

③ 인공지능, 빅데이터

사용자가 자주 왕래하는 출.퇴근길내의 자전거 사고 다발 지역을 알려 주는 서비스를 제공한다.

3) Chui Doorbell

① 개인화 서비스(Personalized Service)

안면 인식 기능을 통해 문이 열렸을 때, 개인에게 맞는 스마트홈 모드를 제공할 수 있다.

② Mashup Service or 융합 서비스(Convergence Service) 연동

스마트 워치 등의 Wearable과 연동하여 doorbell을 여는 기능을 제공한다. Chui doorbell과 Wearable이 연동할 때에는 사전에 상호간 인증(Authentication) 서비스를 거쳐야 한다.

③ 인공지능, 빅데이터

- Chui Doorbell (Home Network 연동)과 가상 비서 연동 기능, Wearable연계(비밀번호+안면인식), 등등

4) ZeroTouch

① 개인화 서비스(Personalized Service)

설정한 사람 (운전자)의 목소리에 대해서만 반응하도록 한다.

② Mashup Service or 융합 서비스(Convergence Service) 연동

- 음성으로 Smart Home 연동 서비스 (C)를 제공한다.
  ZeroTouch에서 Alexa가 사용자의 음성 명령을 인식하고 집에 있는 에어컨을 작동시켜 준다면, 즉 스마트홈연동을 통한 융합 서비스가 제공되면 보다 사용자 편의성을 높일 것이다.
- ZeroTouch는 Smartphone상에서 동작하고 카메라 기능을 활용하므로 사용자(운전자)가 조는 것으로 판단되면 Wearable인 스마트워치에 강력한 진동 신호를 주는 졸음 방지 서비스를 제공할 수 있다.

③ 인공지능, 빅데이터

- 시각 정보를 이용해 사용자(운전자)가 졸고 있는지를 판별하는 기능을 제공하여 졸음 방지를 한다.
- 사용자가 통화 중에 누군가와 약속을 하고 약속 장소를 잡지 못하고 머뭇거릴 때 약속 장소를 추천하는 기능을 제공한다.
- 약속 시간과 장소를 리마인드해 주는 기능을 제공한다.

5) VivoMove HR (스마트 스포츠 워치)

① 개인화 서비스(Personalized Service)

- 개인별 Watch Face 설정
- 개인별 운동 방법 추천

② Mashup Service or 융합 서비스(Convergence Service) 연동

- 음성으로 Smart Home 연동 서비스 (C) 를 제공한다.
- 음성으로 Smart Car 연동 서비스 (C) 를 제공한다.
  SSW가 스마트폰 앱을 통해 자율주행차를 부름.
- Amazon go와 같은 Retail Shop 연동 서비스 (C)를 제공한다.
- Hotel에서 Hospitality Service 연동 서비스 (C)를 제공한다.
- Automotive: car-sharing service 연동 서비스 (C)를 제공한다.

③ 인공지능, 빅데이터

- Tracking Course를 추천한다.

다음 페이지에서 표로 정리하였다.

	가상 비서	개인화 서비스	매쉬업(M)/융합 서비스(C)	인공지능 & 빅데이터
Arist Coffee Machine	음성 구분 가상비서	개인의 취향을 고려한 Coffee 제공	커피 구매 서비스 연동(M)	커피 추천 서비스
Vanhawks 자전거	음성으로 목적지 설정	개인 음성 인식으로 Auto-Lock	Riding용품 추천 서비스 (M)	자전거 사고 다발지역 알림
Chui Doorbell	음성 구분 가상비서	개인별 다른 mode set	Wearable 연계(C)	안면 인식 서비스<기존>
ZeroTouch (SmartCar)	음성으로 목적지 설정	설정한 사람(운전자)의 목소리에 대해서만 반응	- 음성으로 Smart Home 연동 서비스 (C) - Wearable 연계 졸림 방지 서비스(C)	-시각 정보를 이용한 졸림 방지 서비스 -약속 시간, 장소 알려주는 서비스 -약속 장소 추천 서비스
Smart Watch Sports	-가상 비서간 연동 기능을 제공 -자율주행차 호출 서비스	개인별 Watch Face 설정	-음성으로 Smart Home 연동 서비스 (C) -음성으로 Smart Car 연동 서비스(C) -SSW가 스마트폰 앱을 통해 자율주행차를 부름. -Retail Shop연동 -컴패니온 device 연동 -Hospitality Service연동 -Automotive – car-sharing service	Tracking Course 추천

찾아보기

ㅇ